110kV DIANWANG DIAOKONG YUNXING RENYUAN PEIXUN JIAOCAI

110kV电网调控运行人员培训教材

国网北京电力调度控制中心　组编

中国电力出版社
CHINA ELECTRIC POWER PRESS

内 容 提 要

为满足 110kV 电网调控运行人员培训需求，国网北京电力调度控制中心特组织编写本书。全书共 29 章，分调度篇和监控篇，调度篇包括电力基本知识、电力系统保护、电力系统线路保护、电力系统变压器保护、电力系统母线及断路器保护、电力系统自动装置、电网调度管理、电网操作管理、电网故障处理、继电保护及安全自动装置配置原则；监控篇包括变压器运行、开关刀闸运行、母线运行、容抗器运行、接地电阻运行、消弧线圈运行、站用变压器运行、直流系统运行、智能变电站运行、公共信息监视、AVC 和 VQC 运行、防误系统运行、输变电在线监测运行、综合异常事故处置、监控操作票、日常监控工作、监控 OMS 模块填写要求、常态化远方操作、常用系统使用。

本书可作为 110kV 电网调控运行人员的培训指导书，也可供相关技术人员参考。

图书在版编目（CIP）数据

110kV 电网调控运行人员培训教材/国网北京电力调度控制中心组编. —北京：中国电力出版社，2019.2（2022.6重印）

ISBN 978-7-5198-1200-3

Ⅰ．①1… Ⅱ．①国… Ⅲ．①电力系统运行－技术培训－教材 Ⅳ．①TM732

中国版本图书馆 CIP 数据核字（2017）第 236983 号

出版发行：中国电力出版社
地　　址：北京市东城区北京站西街 19 号（邮政编码 100005）
网　　址：http://www.cepp.sgcc.com.cn
责任编辑：王春娟（010-63412350）
责任校对：黄　蓓　常燕昆
装帧设计：赵姗姗
责任印制：石　雷

印　　刷：北京天泽润科贸有限公司
版　　次：2019 年 2 月第一版
印　　次：2022 年 6 月北京第三次印刷
开　　本：710 毫米×980 毫米　16 开本
印　　张：11.25
字　　数：200 千字
印　　数：2201—2500 册
定　　价：61.00 元

本书编委会

前　言

随着北京电网规模及调控业务的迅速发展，电网调控运行专业正处于发展和转型的关键时期，调控运行人员必须不断提升自身业务水平，切实提高驾驭大电网安全运行的能力。

为满足调控运行人员培训需求，国网北京电力调度控制中心组织编写了《110kV 电网调控运行人员培训教材》。本书主要包含调控运行人员承担的主要工作、职责，变电站主要设备工作原理、典型信息、事故及异常处理等内容，不仅可供电网调控运行人员培训使用，还可供各地区调控中心、新入职员工学习参考。

本书共包含 29 章，由于时间和水平所限，书中难免存在疏漏之处，恳请各位专家和读者批评指正。

编　者

2019 年 2 月

目　录

监 控 篇

调度篇

第1章 电力基本知识

1.1 电力系统概念

电力系统是由发电、输电、变电、配电和用电等环节组成的电能生产与消费系统。它的作用主要是将其他能源形式转换为电能，输送到负荷中心，再通过各种设备转换为动力、热、光等不同形式能量，服务于社会的生产生活。由于电能目前无法大量储存，因此电力系统是一个实时生产、实时消费的动态平衡系统。

电力系统中各种电网的变电站及输配电线路组成的整体，布局像网一样，称为电力网，简称电网。它主要包含输电、变电、配电三个单元，电网的任务是输送与分配电能，改变电压。

因此说电力系统概念大于电网概念，电力系统包含发电厂的电气部分。

1.2 电力系统电压等级

电力系统是一个动态平衡系统。电力系统从建立开始，随着设备制造水平提升，电力系统使用电压等级越来越高，从 10、35、110、220、350、500、750kV 到目前最高 1000kV。一般说来，电压等级越高，系统传送电能损耗越低，电力系统传送的电能越多，系统运行越经济。电网建设是逐步进行，随着科技发展，从低电压等级逐步发展扩大为高电压等级。电压等级一般指倍数发展关系。如 10kV-35kV-110kV 是近似 3 倍关系；110kV-220kV-500kV 是近似 2 倍关系，330kV-750kV 也是近似 2 倍关系；330kV-750kV 主要在西北电网中应用。

1.2.1 常规电压等级

（1）特高压：1000kV。

（2）超高压：330、500、750kV。

（3）高压：35、66、110、220kV。

（4）中压：1、6、10kV。

（5）低压：1kV 以下，主要指 220、380V。

1.2.2 北京电网主要使用的电压等级

（1）500kV 电压等级：北京外网主要下送通道，500kV 电压等级主要承担外网受电及联络功能。500kV 扩大双环网，应用 500kV 电压等级；兴都、朝阳、城北、海淀 4 座变电站及进线应用 500kV 电压等级。

（2）220kV 电压等级：主要承担 500kV 电能下送及 220kV 分区供电及区域联络支撑功能。包括北京 500kV 变电站下送通道，220kV 环网输电，部分 220kV 负荷变电站。500、220kV 等级电网一般也称为主网。

（3）110、35kV 电压等级：主要承担负荷下送功能，降低运行电压。35～110kV 电网一般也称为负荷网。

（4）10kV 电压等级：主要承担为用户配送电力功能。10kV 电压等级电网称为配电网，简称配网。10kV 配网接有大量高压用户，也接有大量配电变压器（将 10kV 转为 380V），为低压用户供电。

（5）380、220V 电压等级：低压用户使用的电压等级。10kV 配电变压器二次相电压为 220V、线电压（两相之间）为 380V。一般低压电器都是 220V，主要应用于家用电器、照明等，俗称照明电。部分大型电动机需要使用 380V 两相供电，主要用于动力，俗称动力电。

1.3 常用电气主接线

电气主接线是指电网以此设备按照其连接顺序所构成的电路。

1.3.1 电网的接线方式

电网的接线方式分为有备用和无备用两种。

有备用接线方式是指用户可以从两个及以上方向上取得电源的接线方式。它包括双回路的放射式、干线式、链式以及环式和两端供电的网络。有备用接线方式供电可靠性和电压质量较高，但不够经济。

无备用接线方式是指用户仅能从一个方向上取得电源的接线方式。它包括单回的放射式、干线式、链式网络。无备用接线方式简单、经济、运行方便，但供电可靠性差。

1.3.2 母线接线方式

母线是汇集和分配电能的通路设备。母线的接线方式主要有以下几种：

（1）单母线接线方式：包括单母线、单母线分段、单母线加旁路、单母线分段加旁路。

（2）双母线接线方式：包括双母线、双母线分段、双母线加旁路、双母线分段加旁路。

（3）三母线接线方式：包括三母线、三母线分段、三母线加旁路，此种方式应用不多。

（4）3/2 接线方式：包括 3/2 接线、3/2 接线母线分段。

（5）4/3 接线方式：包括 4/3 接线、4/3 接线母线分段，此种方式应用不多。

（6）单元接线方式：包括单元接线、扩展单元接线。

（7）桥形接线方式：包括内桥形接线、外桥形接线、扩展内桥接线。

（8）环形接线方式（角形接线）：包括三角形接线、四角形接线、多角形接线。

1.4　输电线路类型

电能从一端将较长距离输送到另一端所经过的介质就是输电线路。按照输送电流的性质可分为直流输电和交流输电。由于电力发展初期，直流输电技术难度较高，未被广泛使用，交流输电发展较快，在电网中大范围应用，目前输电电压达到 1000kV。20 世纪 60 年代，直流输电技术获得突破，在电网中得到了推广应用；目前直流输电已达到 ±1100kV，电网真正迎来了交直流混合时代。

输电线路按照结构形式可分为架空输电线路和电缆输电线路。混合输电线路中包括架空输电线路及电缆输电线路。

架空线路是由导线、避雷器、杆塔、绝缘子和金具构成。按照导线机械强度可分为三类：①LGJ 型，普通钢芯铝绞线；②LGJQ 型，轻型钢芯铝绞线；③LGJJ 型，加强型钢芯铝绞线。杆塔类型可分为钢筋混凝土杆、钢管、铁塔及木杆。高压输电类型多采用铁塔，配电输电多采用钢筋混凝土杆塔或钢管。

电缆线路是由导体、绝缘层和保护层三部分。按照导体材料可分为铝或铜导体。按照绝缘种类可分为聚氯乙烯、橡胶、聚乙烯、交联聚乙烯以及纸等。按照保护层分为聚氯乙烯护套、聚乙烯护套、铝护套、铅护套、橡胶护套、氯丁橡胶护套。按照其他特征可分为不滴流、分相、充油、贫油干绝缘、屏蔽、直流等。

1.5　变电站类型

变电站是电网中通过其变换电压、接受和分配电能的电工装置，它是联系发电厂和电力用户的中间环节，同时通过变电站将各电压等级的电网联系起来，变电站的作用是变换电压、传输和分配电能。变电站由电力变压器、配电装置、二次系统及必要的附属设备组成。

变电站按用途不同，可分为升压变电站和降压变电站。

变电站按操控方式不同，可分为有人值守变电站和无人值守变电站。

变电站按结构不同，可分为室外变电站、室内变电站、地下式变电站、移动式变电站、箱式变电站。

变电站按在电网中地位不同，可分为枢纽变电站、地区变电站、终端变电站。枢纽变电站位于电网的枢纽点，连接电网高压和中压的几个部分，汇集多个电源，供电范围较广，一般采用供电可靠性较高的接线形式；负荷变电站位于电网中间或末端，它主要承担为地区供电的功能，对供电可靠性要求没有枢纽变电站高；终端变电站位于电网终端，接近负荷电，经降压后直接给用户供电。

1.6 变电站主要电气设备

变电站电气设备主要由一次设备和二次设备构成。一次设备是指直接生产、输送和分配电能的高压电气设备。二次设备是对一次设备进行控制、策略、监视和保护的低压电气设备。

变电站一次设备主要包括变压器、断路器（开关）、隔离开关（刀闸）、载流导体（母线、引线、电力电缆）、限流限压设备（电抗器、避雷器）等。

变电站二次设备主要包括仪表、控制和信号元件、继电保护装置、操作、信号电源回路，控制电路及连接导线，发出音响的信号元件，接线端子排及熔断器等。

1.6.1 变压器

变压器是利用电磁感应的原理来改变交流电压的装置。变压器主要由铁芯、绕组、套管、油箱、储油器、散热器及附属设备组成。

1.6.1.1 变压器分类

（1）按用途：电力变压器、仪用变压器（如电压器互感器、电流互感器）、特殊用途变压。

（2）按相数：单相变压器、三相变压器。目前 220kV 及以下多为三相变压器，500kV 及以上为单相变压器。

（3）按绕组形式：自耦变压器、双绕组变压器、三绕组变压器。自耦变压器多用于连接超高压、大容量电网；双绕组变压器用于连接两个电压等级电网；三绕组变压器用于连接三个电压等级电网，一般用于区域变电站。

（4）按冷却介质：油浸式变压器、干式变压器、充气式变压器。

（5）按冷却方式：自冷、风冷、水冷、强迫油循环风冷等。

（6）调压方式：有载调压（带负荷运行时）、无载调压（停电时）。

1.6.1.2 变压器主要参数

（1）额定容量：变压器在额定电压、额定电流时传送的视在功率即为额定容量，kVA（MVA）。

（2）额定电压：变压器长时间运行的工作电压，kV。

（3）额定电流：变压器在额定电压情况下，允许长期通过的最大工作电流，A（kA）。

（4）容量比：变压器各侧额定容量之比。

（5）电压比：变压器各侧额定电压之比。

（6）百分比阻抗（短路电压）：变压器二次绕组短路，使一次的电压逐渐升高，当二次绕组的短路电流达到额定值时，一次侧电压与额定电压比之的百分数。短路电压对变压器并列运行有重要意义，短路电压小的变压器并列运行时承担是在工作量大。因此并列运行变压器，最好短路电压相等，至少不能相差太大。

（7）接线组别：表示变压器低压绕组对高压绕组的相位移关系和变压器一、二次绕组的连接方式。常有 Yd、Yy0、Yd11 等接线形式。

Yd 表示变压器一次侧为星形接线、二次侧为角形接线。

Yy0 表示变压器一次侧为星形接线，二次侧为星形接线，一次、二次侧没有相角位移。

Yd11 表示变压器一次侧为星形接线，二次侧为角形接线，一次、二次侧有顺时针 11×30° 相角位移。相角位移大小由变压器二次绕组缠绕方式决定。

（8）额定温升：变压器内绕组或上层油的温度与自然环境温度之差，也称为绕组或上层油温升。温升较高，变压器负载能力下降。

1.6.2 母线

母线的主要作用是汇集和分配电能，母线上可以连接发电机、变压器和线路，母线是电网电流的汇集点。母线材质一般采用导电率较高的铜或铝。

母线按照外形和结构可大致分为三类：

（1）硬母线：包括矩形母线、圆形母线、管形母线等。

（2）软母线：包括铝绞线、铜绞线、钢芯铝绞线、扩径空心导线等。

（3）封闭母线：包括共箱母线、分相母线等。

母线连接有多种连接方式。一般说来枢纽变电站多采用双母线、三母线、3/2 接线、4/3 接线，该类型接线可靠性较高，但经济效率差。中间变电站或终端变电站多采用单母线、桥形接线、角形接线或单元接线，该类型接线形式简单、投资小、可靠性较差。

1.6.3　断路器（开关）

断路器是一种用于控制电路开合状态的电气设备。断路器可分为高压断路器和低压断路器。

高压断路器具有完善的灭弧结构和足够的断流能力。可以断开正常负荷电流及故障电流。高压断路器一般由导电回路、灭弧室、操动机构和传动部分、外壳及支持部分组成。高压断路器作用体现在两方面：

（1）控制作用：根据电网运行需要，将部分电气设备或输电线路投入或退出运行。

（2）保护作用：局部电网发生故障时，通过和保护、自动化装置配合，将故障段切除，防止事故扩大。

高压断路器按照灭弧介质不同分为：

（1）油断路器：利用油作为灭弧介质，分为多油和少油两种，目前已很少使用。

（2）SF_6 断路器：利用惰性 SF_6 气体来灭弧，应用较多，用于 110kV 以上设备，但 SF_6 气体有毒。

（3）真空断路器：利用真空高度绝缘性来灭弧，多用于 35kV 及以下断路器，10kV 配网应用较多。

（4）空气断路器：利用高速流动的压缩空气来灭弧。多用于 35kV 及以下断路器。

（5）其他断路器：固体产气断路器、磁吹断路器等。

1.6.4　隔离开关（刀闸）

隔离开关，也称刀闸，一般指高压隔离开关，主要用于将电气设备从电网中脱离，并形成足够安全距离。

隔离开关主要有三个作用：

（1）隔离电源，将高压检修设备与带电设备断开，使之间有明显可见的断开点。

（2）隔离开关与断路器配合，按系统运行需要进行倒闸操作，改变连接方式。

（3）用于连通或断开小电流电路。

隔离开关有很多类型：按照地点可分为户内式、户外式；按绝缘支柱数目可分为单柱式、双柱式、三柱式；按操动机构可分为手动、电动和气动型。

1.6.5　其他设备

电压互感器（TV）：是一种电压变换装置，它一般并联在高压电路中，将高电压变化为低电压，用于仪表或继电保护装置测量电压。电压互感器可以看成电流源，禁止短路。

电流互感器（TA）：是一种电流变换装置，它一般串联在高压电路中，将大电流变换成低电压小电流，用于仪表或继电保护装置测量电流。电流互感器可以看成电压源，禁止开路。

电抗器：分为串联电抗器、并联电抗器。串联电抗器一般用于变压器低压侧限制短路电流；并联电抗器用在超高压线路末端防止过电压，或在变电站低压侧用于无功补偿，吸收多余无功功率。

电容器：分为串联电容器、并联电容器。串联电容器一般用于超高压输电线路，降低线路阻抗，即常说的"串补"；并联电容器一般在变电站低压侧用于无功补偿，发出无功功率，提高末端电压。

接地变压器（接地电阻）：由于 10kV 及 35kV 电网多采用不接地或经消弧线圈接地形式，系统发生单相接地故障，一般接地运行 2h。但随着城市电缆网不断壮大，10kV 或 35kV 馈线更多采用电缆线路，电缆线路能够提供较多容性电流，当发生单相接地时，会产生较多容性对地电流，影响系统安全运行。这种情况下，在 35kV 或 10kV 电网中，建立一个中性点，为系统中提供零序电流和零序电压，利用接地保护可靠切除故障。接地变压器就是人为制造了一个中性点接地电阻，当系统发生接地故障时，对正序、负序电流呈现高阻抗，对零序电流呈现低阻抗，使接地保护可靠动作，将接地故障可靠切除。

第 2 章 电力系统保护

2.1 基本概念

继电保护是继电保护技术和继电保护装置的统称。电力系统是实施动态平衡的系统，系统中各种电气设备保持较高的运行电压，同时又暴露在自然环境之中，电气元件随时可能发生故障，影响系统安全运行及稳定供电，继电保护就是通过检测系统各类电气参量的变化，通过断路器将故障元件从运行系统中隔离，保护系统稳定运行。由于早期保护功能是通过继电器实现的，因此也称为继电保护。

继电保护技术是一套完整的电力技术理论体系，它主要通过电网故障分析、继电保护原理及实现、继电保护配置设计与继电保护运行及维护等技术构成。继电保护技术是随着电力系统技术及理论同步发展。

继电保护装置是完成继电保护功能的核心，能够反映电网中电气元件发生故障或不正常状态，并动作于断路器跳闸或发出信号的自动装置。

电力系统对继电保护的基本要求有：

（1）选择性。继电保护动作的选择性是指保护装置动作时，仅将故障元件从电力系统中切除，使停电范围尽量缩小，以保证系统中的无故障部分仍能继续安全运行。继电保护保护选择性通过不同级之间配合，形成不同动作时限，形成一段、二段、三段等不同整定值和整定时限。

（2）速动性。快速地切除故障可以提高电力系统并列运行的稳定性，减少用户在电压降低的情况下工作的时间，以及缩小故障元件的损坏程度。因此在发生故障时应力求保护装置能迅速动作切除故障。

（3）灵敏性。继电保护的灵敏性，是指对于其保护范围内发生故障或不正常运行状态的反应能力。满足灵敏性要求的保护装置应该是在事先规定的保护范围内部故障时，不论短路点的位置、短路的类型如何，以及短路点是否有过渡电阻，都能敏锐感觉，正确反应。

（4）可靠性。保护装置的可靠性是指在该保护装置规定的保护范围内发生了它应该动作的故障时，它不应该拒绝动作，而在任何其他该保护不应该动作的情况下，则不应该误动作。

2.2　主保护及后备保护

主保护：是指能够满足电网稳定及设备安全的需要，以最快的速度有选择性地切除被保护设备或线路故障的保护。

后备保护：当主保护或断路器拒动时，能够切除故障的保护称为后备保护。后备保护又分为"近后备"和"远后备"。远后备一般指元件本身保护或断路器拒动，由相邻元件的保护装置继续动作切除故障，也就是常说的"越级跳闸"。远后备多用于 220kV 以下的负荷端电网。近后备就是保护双重化和断路器失灵保护，及每个元件或线路都配置两套独立的继电保护，使之故障区域内保护无拒动的可能性。220kV 及以上的环网、变压器一般都采用保护双重化配置。

2.3　继电保护划分

按照保护元件分为输电线路保护、发电机保护、变压器保护、母线保护、电动机保护等。

按照保护原理分为电流保护、电压保护、距离保护、差动保护、方向保护、零序保护、行波保护等。

按照保护所反映的故障类型分为相间短路保护、接地故障保护、匝间短路保护、断路器保护、失步保护、失磁保护、过励磁保护等。

按照保护装置实现技术分为电磁型保护、感应型保护、整流型保护、晶体管型保护、集成电路型保护、微机型保护。现在基本都采用微机型保护。

第3章 电力系统线路保护

3.1 电流保护

当线路上发生短路时，流过线路的电流激增，当电流超过保护装置整定值并达到整定时间时，保护动作于断路器跳闸，这种反映电流升高而动作的保护装置，称为电流保护，或者称为过电流保护，简称为过流保护。过流保护受系统运行方式影响大。

速断保护：电流保护按照躲过线路末端最大短路电流来整定，无动作时限，也称电流速断保护，简称速断保护。

定时过流保护：电流保护与下一个元件电流速断配合，通过固定的时间延时动作，具有这种时限特征的保护称为定时过流保护。过流一段其实就是过流速断。根据实际情况可以整定过流一段（速断）、过流二段、过流三段等。

举例说明：如图 3-1 所示，假定在每条线路上都装有过电流保护，则当线路 A－B 上发生故障时，希望保护 2 能瞬时动作；而当线路 B－C 上故障时，希望保护 1 能瞬时动作。瞬时动作的过电流保护称为电流速断保护，即过流Ⅰ段。

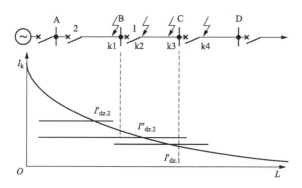

图 3-1　定时限过电流保护原理图

以保护 2 为例，当本线路末端 k1 点短路时，希望速断 2 能够瞬时动作切除故障，而当相邻线路 B－C 的始端 k2 点短路时，按照选择性的要求，速断保护 2 就不应该动作，因为该处的故障应由速断保护 1 动作切除。但是实际上 k1 点和 k2 点短路时，保护 2 安装处所流过短路电流数值几乎是一样的。因此在保护 2 整定时要加入一个可靠系数 K=1.2～1.3，同时加入适当延时，称为过流Ⅱ段，与保护 1 的过流Ⅰ段进行配合。

一般说来，过流Ⅰ段（速断）能够保护范围为全线路的 80%左右。

方向过流保护：在过电流保护装置基础上，加入一个方向元件（功率方向继电器），反方向故障时可以确保不动作，称为方向过流保护。

复合电压闭锁过流保护：在过流保护装置基础上，加入一个复合电压元件（一个负序电压继电器和一个接在相间电压上的低电压继电器组成），只有在电流测量元件及电压元件均动作时，保护装置才动作，称为复合电压闭锁过流保护。复合电压闭锁过流保护一般用在变压器中低压侧，作为后备保护。

3.2　零序电流保护

在大电流接地系统或者小电阻接地系统中，元件发生接地故障后，根据电力系统故障分析可知，会有零序电流、零序电压和零序功率出现，利用这些电气量构成保护接地短路的继电保护装置，称为零序保护。

零序电气量只有系统发生接地故障时才会产生，受系统运行方式影响小，因此零序保护比较可靠。

主要利用零序电流的继电保护称为零序电流保护，也称零序过流保护。零序电流保护通过不同级之间的配合关系，形成零序Ⅰ段、零序Ⅱ段、零序Ⅲ段等不同时限。零序电流保护主要反映接地短路故障，不反映相间故障。

在大电流接地系统中，如果线路两端的变压器中性点都接地，当线路发生接地故障时，在故障点与各电压器中性点之间都有零序电流流过，为了保证零序电流有选择性，就需要加装方向继电器，构成零序电流方向保护，或者说带有方向性的零序电流保护。

3.3　中性点与零序保护

3.3.1　中性点接地方式选择

我国的电力系统中，中性点接地有三种方式：①中性点直接接地方式；②中性点经消弧线圈接地方式；③中性点不接地方式。

中性点直接接地方式（包括经小电阻接地），系统发生单相接地故障时，接地短路电流很大，所以这种方式也称为大电流接地系统。

中性点不接地或经消弧线圈接地方式，系统发生单相接地故障时，由于不能构成短路回路，接地故障电流比正常负荷电流小得多，因此这种系统称为小电流接地系统。

两者划分标准：零序阻抗 Z_0 与正序阻抗 Z_1 的比值。$Z_0/Z_1 \leqslant 4 \sim 5$ 为大电流接地系统，$Z_0/Z_1 > 4 \sim 5$ 为小电流接地系统。

110kV 及以上电网多采用中性点直接接地方式；6～35kV 电网中如果电缆线路较多，电网中容性接地电流较大时，采用中性点经小电阻接地方式；6～35kV 电网中如果电缆线路较少，架空线路居多，电网中容性接地电流不大，用消弧线圈能够补偿或者不需补偿，则采用中性点经消弧线圈接地，或者中性点不接地方式。

北京市目前五环内 10kV 电网多用经小电阻接地方式，五环外多采用经消弧线圈接地或不接地方式。

3.3.2 中性点与零序保护关系

当大电流接地系统发生接地短路时，零序电流的分布只与系统的零序网络有关，与电源数目无关，增加或减少变压器中性点接地点数目，能够改变零序网络分布，从而影响零序电流大小。因此变压器中性点接地情况的变化影响零序保护灵敏度。同样可以得出在采用接地变压器接地的系统中，接地变压器数量能够影响其所在网络中零序网络的分布，同样可以影响该网络中零序保护的灵敏度。

3.4 距离保护

电流保护是通过测量电流的徒增来实现的，距离保护则是通过计算保护装设点至故障点之间的阻抗来实现，因为阻抗大小反映了故障点距离的远近，因此称为距离保护。

距离保护装置通过阻抗继电器测量保护安装点电压为 U，电流为 I，则故障点至保护按照处的计算阻抗 $Z=U/I$，如果计算阻抗 Z 小于整定阻抗 Z_d，那么距离保护就动作断路器跳闸。距离保护受系统电压波动影响明显，因此电压断线和系统振荡时都需要闭锁距离保护，避免误动。

距离保护按照原理可分为接地距离保护和相间距离保护；接地距离保护用于保护接地故障、相间距离保护用于保护相间故障。

距离保护一般都做成三段式，其中第 I 段保护范围约为被保护线路全长的80%～90%，动作整定时间一般为 0s；第 II 段保护范围与下一线路的保护定值相配合，一般为被保护线路的全长及下一线路全长的 30%～40%，动作整定时间与下一线路距离保护 I 段动作时间配合，一般为 0.5s；第 III 段则保护范围更长，动作时限也更长。

3.5 纵联保护

纵联保护是当线路发生故障时，使两侧断路器同时快速跳闸的一种保护装置，纵联保护为线路主保护。纵联保护将以线路两侧判别量或数据量通过数据通道传给对侧，以此判断为区内故障或区外故障。由于需要数据通道互联，因此统称为纵联保护。通信通道是纵联保护的重要组成部分，通道失效影响纵联保护运行。

纵联保护按照原理可分为纵联距离保护、纵联方向保护、纵联电流差动保护。纵联保护能够保护线路全长，且能够快速动作，常用于高电压等级线路中，220kV 及以上环网线路基本都采用纵联保护。

3.5.1 纵联距离保护

纵联距离保护可以看成是距离保护基本原理，加上对侧距离保护开放的动作信号，形成的距离保护。

纵联距离保护动作条件：①距离保护元件检测到故障并启动；②保护装置收到对侧开放的动作信号。当①、②均满足时，纵联距离保护动作跳闸。

如图 3-2 所示，线路 x1 发生故障，纵联距离保护 A 检测到 k1 点故障，距离保护启动，并向对侧距离保护 B 发送信号，告知其本侧检测到故障，对 B 开放动作信号；同时距离保护 B 能够检测到 k1 点故障，距离保护启动，并向对侧距离保护 A 发送信号，告知其本侧检测到故障，对 A 开放动作信号，当距离保护 A、B 同时检测到故障，又收到对侧开放的信号后，则同时跳闸，切除故障。

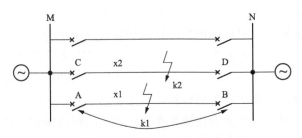

图 3-2　纵联距离保护示意图

但如果 k2 线路发生故障，在纵联距离保护 A 的正方向，则继电保护 A 检测到故障，并向 B 发送开放信号，但由于 k2 线路故障在保护 B 反方向上，因此保护 B 不启动，同时不向 A 开放信号，因此纵联距离保护 A 也无法动作。保护 A、B 均不会动作。

3.5.2 纵联方向保护

纵联方向保护可以看成是方向保护的基本原理，加上对侧方向保护开放的动作信号形成的纵联保护。

纵联方向保护动作条件：①方向保护元件检测到故障并启动；②保护装置收到对侧开放的动作信号。当①、②均满足时，纵联方向保护动作跳闸。

纵联方向保护动作情况分析基本与纵联距离保护相同，大家可以试着分析，这里不再赘述。

3.5.3 纵联电流差动保护

差动保护是利用基尔霍夫电流定理工作的，我们把线路（母线、变压器）看成一个点，则正常情况下，流入和流出这个点的电流矢量差为零，当区内故障时，流入流出电流矢量差不为零，则差动保护动作跳闸。差动保护具有原理简单，不受系统振荡、线路串补电容、线路互感、非全相运行等特点，能够适应系统多变运行方式，差动保护能够具有选相能力，因此是较为理想的主保护。

纵联电流差动保护就是利用差动保护原理，将线路对侧电流矢量值通过通信通道传输到本侧，构成差动条件，称为纵联电流差动保护。

如图 3-3 所示，当 $|\dot{I}_M + \dot{I}_N| > I_d$ 时，则纵联电流差动保护动作，切除线路故障。

图 3-3 系统图

3.5.4 纵联保护通信通道

纵联保护通信通道有电力线载波、微波、导引线、光纤等。

（1）电力线载波：通过载波器将继电保护信号信息转换为高频电流信号，利用架空输电线路进行传输通信的方式，因为要与工频电流区分，所以将通信信号调制成高频信号，因此采用电缆载波通信方式的保护也称为高频保护。高频保护有高频距离保护、高频方向保护及相差高频保护。相差高频保护只比较线路两侧电流相位差，因此与纵联差动保护不尽相同。

（2）微波：利用微波进行通信，微波波长为 1～10m，频率为 3000～30000MHz，微波通信是电力线载波通信的发展。但微波通信也需要建立专用微波发射和接收塔，距离较远时还需要中继塔。利用微波作为通道的保护也称为高频保护。

（3）导引线：利用专门的辅助导线作为通信通道，由于导引线信号消减较大，一般适用于短距离（10km 以内）输电线路。

（4）光纤：利用光纤作为通信通道。由于光纤有外护套，具有不怕高压电和雷电干扰，信号频带宽、衰耗低等优点，同时光纤可以大容量传输数据，因此是较理想的通信通道。随着技术发展，光纤通信已得到全面应用，正逐渐取代其他方式作为纵联保护的首选通信方式。

第 4 章　电力系统变压器保护

4.1　瓦斯保护

瓦斯保护是变压器主要保护，是利用非电气量原理形成的保护。当变压器采用油作为绝缘介质时，如果变压器内部发生短路故障，会产生强烈的气体膨胀，变压器内部压力突增，产生很大的流向油枕方向冲击，动作于气体继电器，产生动作信号或跳闸。轻瓦斯保护一般是发信号，重瓦斯保护直接跳闸。

瓦斯保护比较灵敏，变压器本体瓦斯保护主要反映变压器内部故障，如变压器内部的相间短路、匝间短路、铁芯故障、油面下降或漏油等。有载调压箱重瓦斯可以保护分接开关接触不良或导线焊接不良等。一般容量在 800kVA 及以上的电力变压器均装设瓦斯保护。

4.2　差动保护

4.2.1　差动保护基本原理

变压器差动保护是利用比较变压器两侧（三侧）电流的矢量值原理构成的。在正常运行和外部故障时，变压器两侧（三侧）之间差流值接近于零，差动保护不动作；内部故障时，在正常运行和外部故障时，变压器两侧（三侧）之间差流值为短路电流值，差动保护动作切除变压器各侧断路器。

变压器差动保护主要保护以下范围短路故障：

①变压器套管或引出线故障；②变压器内部较大故障；③直流回路两地接地或二次线碰接引起的保护误动作；④差动保护回路的 TA 开路或短路引起的保护误动作；⑤差动保护本身元件损害等原因引起的保护误动作。

差动保护不能替代瓦斯保护，两者保护故障类型基本不一致，有小部分一致。变压器铁芯过热烧伤、油面降低等，差动保护全无反应。变压器内部绕组发生少数线匝的匝间短路，内部短路电流较小，差动保护也无反应。变压器外部裸露电气元件短路，瓦斯保护亦不会动作。两者重合部分，就是对内部较严重电气短路，导致油流有突变，短路电流较大，瓦斯、差动保护才会有反应。

4.2.2　差动保护不平衡电流及比率制动

差动保护不平衡电流主要由以下原因产生：

（1）稳态情况下不平衡电流：①变压器各侧电流互感器（TA）型号不同引起的不平衡电流；②电流互感器（TA）变比不同和计算变比不同引起的不平衡电流；③调压分接头引起的不平衡电流。

（2）暂态情况下不平衡电流：①短路电流的非周期分量引起的电流互感器的铁芯饱和，误差增大产生的不平衡电流；②变压器空载合闸的励磁涌流。励磁涌流仅在变压器充电侧有。

稳态情况下的不平衡电流可以通过差动保护动作定值躲过，但暂停情况下与电网实际情况联系紧密，通过定值手段不易解决。一般通过比率制动方式限制暂态情况下不平衡电流对差动保护的影响。

在变压器差动保护中除了差动电流作为动作电流外，再引入外部短路电流作为制动电流，抑制外部短路不平衡电流影响，这种差动保护就是比率制动式差动保护。

限制励磁涌流时，根据励磁涌流特点，可采用以下措施：①采用速饱和铁芯的差动继电器；②利用励磁涌流含大量二次谐波特点，利用二次谐波制动；③利用波形对称原理的差动继电器；④鉴别短路电流与励磁电流，要求间断角为 60°~50°。

4.3 复合电压闭锁过流保护

在过流保护装置基础上，加入一个复合电压元件（一个负序电压继电器和一个接在相间电压上的低电压继电器组成)，只有在电流测量元件及电压元件均动作时，保护装置才动作，称为复合电压闭锁过流保护。一般短路故障伴随电压降低，电流增大，加装电压闭锁可以防止正常负载电流较大时，过流保护误动。

复合电压闭锁过流保护是变压器后备保护。可以保护如下范围：①变压器高压侧短路；②变压器中低压侧母线短路；③差动范围差动保护失灵；④中低压线路故障，馈线保护拒动。

高压侧复合电压闭锁过流保护：作为高压母线故障后备以及与中低侧过流保护配合；联络变压器一般带有方向指向高压母线；负荷变压器不带有方向，与中低侧过流保护配合。

中压侧复合电压闭锁过流保护：作为中压母线故障后备及与中压馈线保护配合；联络变压器一般带有方向指向中压母线；负荷变压器不带有方向，与中压馈线保护配合。

低压侧复合电压闭锁过流保护：作为低压母线及出线保护后备，低压侧不会联络，所有不带有方向。

4.4　零序电流保护

4.4.1　变压器中性点零序过流保护

在大电流接地系统中，110kV 及以上电压等级，中性点直接接地的变压器一般装有中性点零序保护。在变压器中性点加装零序电流互感器（零序 TA），能够感受本侧接地故障。

中性点零序过流保护作为本侧母线及馈线的后备保护，能够检测到接地故障电流。

高压侧零序过流保护：作为高压母线故障后备以及与中侧零序过流保护配合；联络变压器一般带有方向指向高压母线；负荷变压器不带有方向，与中侧零序过流保护配合。

中压侧零序过流保护：作为中压母线故障后备及与中压馈线零序保护配合；联络变压器一般带有方向指向中压母线；负荷变压器不带有方向，与中压馈线保护配合。

4.4.2　中低压侧经小电阻接地的零序过流保护

在 35kV 及以下电压等级电网中，如果电缆线路较多，电网中容性接地电流较大时，采用中性点经小电阻接地方式。小电阻接地方式也属于大电流接地系统。中低压馈线加装零序 TA，线路故障时就可感应到零序电流，这种馈线零序保护一般不带方向。

小电阻接地不能直接接入电网中，需要经过接地变压器接入电网中，有以下方式：①接地变压器通过断路器接中低压母线上；②接地变压器不经断路器直接接变压器中低压出口引线上。

（1）接地变压器经开关接中低压母线。接地变压器零序保护配置两段式零序电流保护：Ⅰ段跳相邻分段；Ⅱ段跳变压器 10kV 主断路器，并闭锁相邻。

（2）接地变压器直接接变压器出口。接地变压器零序保护配置Ⅲ段式零序电流保护：Ⅰ段跳相邻分段；Ⅱ段跳变压器 10kV 主断路器，并闭锁相邻分段自投；Ⅲ段跳变压器总出口。

注意：由于接地变压器也属于变压器，因此配置相间速断和过流保护保护自身。接地变压器接于母线时，接地变压器保护动作于对应母线的变压器侧对应主断路器；接地变压器接于变压器出口时，接地变压器保护动作于变压器总出口。

由于接地变压器起到为系统提高接地点作用，因此系统中不能无接地变压器运行。因此变压器中低压侧主断路器与对应接地变压器存在联跳关系。当接地变压器因本身故障或者中低压线路越级时,接地变压器保护首先动作切除变压器主开关,主开关联跳接地变压器开关。

4.5 其他保护

4.5.1 间隙保护

在大电流接地系统中,正常运行中性点不接地的变压器,在临近线路发生单相接地,中性点电压会升高威胁变压器安全运行,在变压器中性点装设间隙保护,当中性点电压升高后达到动作条件时,间隙保护动作切开变压器各侧开关。

变压器中性点间隙保护一般带有 0.5s 动作时限。变压器中性点间隙保护与中性点零序保护不同时使用。变压器中性点接地时,投入零序保护,变压器中性点不接地时,投入间隙保护。

4.5.2 冷却器全停保护

强迫油循环风冷(水冷)变压器,或者强迫气体循环风冷变压器,会装设 3~4 台冷却器,因故造成冷却器全停后,变压器内部温度急剧上升,变压器性能急剧下降,因此装设冷却器全停保护。冷却器全停保护一般带有 18min 动作时限,动作后跳开变压器各侧开关。

第5章　电力系统母线及断路器保护

5.1　母线差动保护

母线差动保护采用差动保护的基本原理，将母线上各元件的电流互感器接入差动回路中，母线外部故障中，各元件差电流为零；母线内部故障中，各元件差电流不为零，差动保护动作，切开母线上各侧开关。

母线差动保护一般会加装电压闭锁元件。未发生故障，母线电压不会降低，通过电压元件闭锁防止差动保护误动。

按照原理及接线方式的不同，可将母差保护分为以下几种。

5.1.1　固定分配式母差保护

将引出线和有电源的支路固定连接于两条母线上，也就是说不能倒母线，这种母线称为固定连接母线，这种母线差动保护称为固定分配式母差保护。任一母线故障时，只切除接于该母线的元件，另一母线可继续运行，母差保护有选择故障的能力，如果固定连接方式被破坏，则母差保护失去选择能力，将双母线上所有连接元件全部切除。此种母差保护仅适用母线运行方式固定这种形式，由于受限于运行方式调整不便，220kV 及以上双母线基本不用。北京电网仅部分老的 110kV 变电站在用，如良乡、牛栏山等。

5.1.2　母联电流相位比较式母差保护

母联电流相位比较式母差保护也称为比相式母差保护，主要是在母联断路器上使用比较两电流相量的方向元件。正常运行和区外故障时，差动保护不动作，方向元件也误动作；当母线区内故障时，母线差流不为零，且流过母联开关的电流是由非故障母线流向故障母线，具有方向性，因此方向元件动作并能够选择故障母线。比相式母差保护缺点是受运行方式影响大，当母联电流为零或者母联断路器断开运行时，将失去选择性。

母联电流相位比较式母差保护运行注意事项：

（1）正常情况下，各元件按指定分配方式运行，母线保护各元件跳闸出口回路必须与其所连接的母线相对应。

（2）双母线正常运行时，各母线上均应分配带有电源的元件运行。

（3）下列情况之一，应投入"非选择"方式：①单母线运行时。②母线进行倒闸作业期间。③采用刀闸跨接两排母线的运行方式时。④双母线运行，但一条母线故障切除后。⑤双母线运行，当出现一条母线无电源的方式或小电源的方式时。⑥母联开关运行中出现不能跳闸状态时（如出现压力异常闭锁开关跳闸回路）。

5.1.3 比率制动式母差保护（阻抗母差保护）

当电网运行方式变化较大时或者外部短路故障时，电流差动继电器的灵敏度将受到影响，母差回路中不平衡电流会增加，因此引入外部短路作为制动量，因此保护差电流路中有差动回路和制动回路。内部故障时，制动量极小，外部故障时，穿越电流越大，则制动率越大，这种母差保护具有较高的灵敏度，采用这种方式的母差保护也叫比率制动式母差保护。保护回路中的差动量和制动量都是在回路中所接入的电阻元件上取得，因此比率制动式母差保护也成为阻抗母差保护。系统中该保护应用较多。

5.1.4 微机型全电流母差保护

微机型全电流母差保护在保护回路中设置大差动回路和小差动回路，大差动回路就是两条母线所有开关均计算差动回路中，检测母线区内故障，小差动回路就是一条母线所有开关计算在小差回路中，主要区分哪条母线故障。当两者均启动后，母差保护才动作跳闸。微机型全电流母差保护还引入电压或电流工频变化量作为启动元件。系统中该保护应用较多。

5.2 母线充电保护

母线充电保护应能够保证一组母线或某一段母线合闸充电时，快速而有选择地断开有故障的母线。为了更可靠地切除被充电母线上的故障，在母联断路器或母线分段断路器上设置相电流或零序电流保护，作为母线充电保护。母线充电保护只在母线充电时投入，充电良好后及时停用。

5.3 断路器非全相保护

220kV 断路器开关操动机构是采用分相式的，500kV 及以上断路器开关本身就是分相式的，但在断路器合闸过程中，必须保证三相一致，否则会导致非全相运行甚至保护误动作。因此 220kV 及以上断路器均装设非全相保护也称三相不一致保护。

三相不一致保护采用同名相动合和动断辅助触点串联后启动延时跳闸，在单相重合闸进行过程中非全相保护被重合闸闭锁。

5.4　断路器失灵保护

当系统发生故障时，故障元件的保护动作而其断路器失灵拒绝跳闸时，通过故障元件的保护作用于变电站相邻断路器跳闸，有条件的还可以利用信号通道，使远端有关断路器同时跳闸的保护称为断路器失灵保护。断路器失灵保护是近后备中防止断路器拒动的一项有效措施。

失灵保护由故障元件的继电保护启动，手动跳开断路器时不启动失灵保护。失灵保护有负序、零序和低电压闭锁元件，防止误动。

220～500kV 电网以及个别的 110kV 电网重要部分会配置断路器失灵保护。主要考虑是断路器拒动时，由其他后备保护切除故障时间较长，给系统稳定运行带来极大威胁。失灵保护一般整定时间为 0.5s，断路器失灵保护由故障元件的继电保护启动，当故障切除时，失灵保护返回不动作；如果 0.5s 内，故障元件继电保护未发返回信号，则失灵保护动作，切除断路器同母线所有其他开关。

第6章 电力系统自动装置

6.1 自动重合闸

自动重合闸是将因故跳开后的断路器按需要自动投入的一种自动装置。电力系统运行经验表明，架空线路绝大多数故障都是瞬时性的，永久性故障一般不到10%。因此，在继电保护动作切除故障后，电弧将自动熄灭，绝缘能够自动恢复，这种情况下，自动化重合断路器，不仅提高了供电可靠性，减少了停电损失，还提高了系统的暂态稳定水平，增大了高压线路的送电容量，所有架空线路都装有自动重合闸。

自动重合闸分为以下几种：按作用于断路器的方式，可分为单相重合闸、三相重合闸和综合重合闸；按重合闸的使用条件，可分为单侧电源重合闸和双侧电源重合闸。双侧电源重合闸又可分为鉴定无压和鉴定同期重合闸。

（1）单相重合闸：线路发生单相接地故障时，保护动作只跳开故障相的断路器并单相重合；当单相重合不成功或多项故障时，保护动作跳开三相断路器，不再进行重合。

（2）三相重合闸：无论线路发生单相接地故障或相间故障，保护动作跳开三相开关，然后重合三相开关。

（3）综合重合闸：线路发生单相接地故障时，采用单相重合闸方式，发生相间短路时，采用三相重合方式。

（4）鉴定无压重合闸：重合闸通过无压鉴定继电器鉴定线路无电压时，重合闸动作合上断路器。

（5）鉴定同期重合闸：线路有电压，重合闸通过同期鉴定继电器鉴定线路两侧同期时，重合闸动作合上断路器。

220kV 及以上电网，断路器可分相操作，因此可配置单相重合闸或综合重合闸；110kV 及以下电网，断路器不可分相操作，因此只能配置三相重合闸。三相重合闸方式按照系统需求可设置采用无压鉴定或同期鉴定方式。

在北京电网中，220～500kV 环网输电线路中，一般采用单相重合闸；220kV 输电线路、110kV 及以下输电线路配置三相重合闸；110kV 两端电源线路（地区电厂并网线），电网侧采用鉴定无压重合闸方式，电厂侧采用鉴定同期重合闸方式。

6.2　备用电自动投入装置

备用电自动投入装置（简称备自投），就是对具备双电源或多电源供电的变电站或设备，因电网开环或其他需要而正常置于一回电源供电时，当供电电源因故失去后，能迅速自动投入其他供电电源的装置。

备自投一般用在有多路电源供电的负荷变电站，当一路电源因故失去后，通过断开进线开关，自动投入其他电源开关，使本路设备不停电。

如图 6-1 所示，当 112 断路器所在线路跳闸，110kV4 号 TV 及 10kV5A 号 TV 或 10kV5B 号 TV 会无压，鉴定条件设定为 110kV4 号 TV 及 10kV5A 号 TV （或 10kV5B 号 TV）无压，则跳开 112 断路器，112 断路器跳开后，母联 145 自投动作，合上母联 145 断路器，则 3 号变压器及所带母线均带电。

6.3　低频减载装置

低频减载装置。是指当电力系统中出现有功功率缺额引起电网的运行频率下降时，根据频率下降的程度，依次按频率大小，按轮次自动切除一部分不重要负荷，从而阻止频率下降，并使电网尽快恢复到正常运行值的装置。

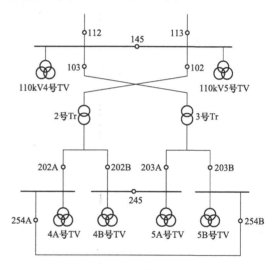

图 6-1　接线图

低频减载装置是防止电网频率崩溃的最后一道防线，低频减载装置应该可靠投入。北京电网规定七个轮次及一个特殊轮次低频减载方案。按照要求低频减载容量不低于电网最大负荷 50%。

第7章 电网调度管理

7.1 调度机构

电网调度机构是电网运行组织、指挥、指导和协调机构，简称调度机构。各级调度机构分别由本级电网经营企业直接领导。调度机构既是生产运行单位，又是电网经营企业的职能机构，代表本级电网经营企业在电网运行中行使调度权。

各级调度机构在电网调度业务上是上下级关系，下级调度机构必须服从上级调度机构的调度管理。

我国调度机构分为五级，分别是国家电网调度中心（简称国调）、区域电网调度中心（简称国调分调，原来的网调）、省级调度中心（简称省调）、地区调度中心（简称地调）、县级调度中心（简称县调）。北京市电力公司设置两级调度机构：北京电力调度控制中心（简称市调）、地区电力调度控制中心（简称地调）。

7.2 调度管理任务

北京电网调度管理的任务是指挥电网的运行、操作和事故处理，保证实现下列基本要求。

（1）保障北京电网安全、稳定、优质和经济运行。

（2）充分发挥本电网内发供电设备的能力，最大限度地满足用电负荷的需求。

（3）保障客户供电的电能质量符合有关规定和标准。

（4）合理使用各种资源，保障电网在最优方式下运行，实现电网最大范围的资源优化配置。

（5）执行有关合同或协议，保证各方的合法权益。

7.3 调度管理基本制度

调度机构在日常运行中，遵守以下基本规则：

（1）调度机构调度员职权：调控机构值班调度员在其值班期间是电网运

行、操作和故障处置的指挥人，按照调管范围行使指挥权。值班调度员必须按照规定发布调度指令，并对其发布的调度指令的正确性负责。

（2）调度机构内部上下级关系：下级调控机构的值班调度员、厂站运行值班人员及输变电设备运维人员，受上级调控机构值班调度员的调度指挥，接受上级调控机构值班调度员的调度指令，并对其执行指令的正确性负责。

（3）调度下令基本要求：进行调度业务联系时，必须使用普通话及调度术语，互报单位、姓名。严格执行下令、复诵、录音、记录和汇报制度，受令人在接受调度指令时，应主动复诵调度指令并与发令人核对无误，待下达下令时间后才能执行；指令执行完毕后应立即向发令人汇报执行情况，并以汇报完成时间确认指令已执行完毕。

（4）调度命令强制性原则：接受调度指令的值班调度员、值班监控员、厂站运行值班人员及输变电设备运维人员不得无故不执行或延误执行调度指令。如受令人认为所接受的调度指令不正确，应立即向发令人提出意见，如发令人确认继续执行该调度指令，应按调度指令执行。如执行该调度指令确实将危及人员、设备或电网的安全时，受令人可以拒绝执行，同时将拒绝执行的理由及修改建议上报给发令人，并向本单位领导汇报。

（5）调度设备唯一权：未经值班调度员许可，任何单位和个人不得擅自改变其调度管辖设备状态。对危及人身和设备安全的情况按厂站规程处理，但在改变设备状态后应立即向值班调度员汇报。

（6）许可设备：对于上级调控机构许可设备，下级调控机构在操作前应向上级调控机构申请，得到许可后方可操作，操作后向上级调控机构汇报；当电网发生紧急情况时，允许值班调度员不经许可直接对上级调控机构许可设备进行操作，但必须及时汇报上级调控机构值班调度员。

（7）调度交界通报原则：调控机构管辖的设备，其运行方式变化对有关电网运行影响较大的，在操作前、后或故障后要及时向相关调控机构通报；在电网中出现了威胁电网安全，不采取紧急措施就可能造成严重后果的情况下，上级调控机构值班调度员可直接（或通过下级调控机构的值班调度员）向下级调控机构管辖的调控机构、厂站等运行值班人员下达调度指令，有关调控机构、厂站运行值班人员在执行指令后应迅速汇报设备所辖调控机构的值班调度员。

（8）故障信息汇报：当电网运行设备发生异常或故障情况时，值班监控员、厂站运行值班人员及输变电设备运维人员应立即向直调该设备的值班调度员汇报情况。

（9）调度重大事项汇报：当发生影响电力系统运行的重大事件时，相关调控机构值班调度员应按规定汇报上级调控机构值班调度员。

（10）调度权受法律保护：任何单位和个人不得干预调度系统值班人员下达或者执行调度指令，不得无故不执行或延误执行上级值班调度员的调度指令。调度值班人员有权拒绝各种非法干预。

（11）调度权受法律保护：当发生无故拒绝执行调度指令、破坏调度纪律的行为时，有关调控机构应立即会同相关部门组织调查，依据有关法律、法规和规定处理。

7.4 调度范围划分

7.4.1 调控一处范围

（1）调度范围：

500kV 变电站 220kV 母线；

220kV 输电线路；

220kV 并网发电厂及站内设备；

220kV 变电站；

110kV 发电厂及并网线路；

110kV 输电线路。

（2）监控范围：

500kV 变电站；

220kV 变电站；

7.4.2 调控二处范围

（1）调度范围：

110kV 变电站；

（2）监控范围：

110kV 变电站。

7.4.3 地调范围

（1）调度范围：

35kV 输电线路；

35kV 变电站；

10kV 开关站、10kV 配电线路。

（2）监控范围：

110kV 变电站 35kV、10kV 线路；

35kV 变电站。

7.5 调度客户管理

7.5.1 自备电厂的调度管理

（1）参加电网统一调度的自备电厂，应承担电网调峰任务。

（2）所有参加电网统一调度的自备电厂发电机应有可靠的并、解列装置及适应电网的继电保护装置。

（3）自备电厂的发电机并网运行或停止运行，均须得到值班调度员的同意。

（4）所有参加电网统一调度的自备电厂均应将有关的遥测信息送至相应调度机构，以便进行实时监测。每日 24 时，应将全天发电量及厂用电量报所属调度值班调度员。

（5）当电源线路停电检修（或事故停电）时，自备电厂的值班人员应保证不得向线路反送电源。

（6）自备电厂应安装专用电话，安排人员昼夜值班。

7.5.2 调度客户变电站（配电室）的管理

（1）需要接入北京电网的客户变电站，应在接入前与北京市电力公司或其授权的电网调度部门签订调度协议。

（2）35kV 及以上客户变电站一律参加电网统一调度。

（3）6~10kV 多路电源客户，必须并路倒闸者，经调度部门审核批准，应参加电网统一调度。

（4）35kV 及以上客户变电站的低压部分与外来备用电源之间必须加装闭锁，严禁与外来电源进行并路倒闸（变电站的低压部分与外来备用电源之间倒闸必须进行短时并路倒闸时，应安装可靠的解合环自动装置）。

（5）参加电网统一调度的客户变电站（含配电室）应具备下列条件：①客户变电站应安排昼夜有人值班。②客户变电站内应装有专用电话。③客户变电站应具备自动化上传信息。④客户变电站值班人员应持调度机构颁发的《调度运行值班上岗证》。

（6）调度客户变电站（含配电室）运行值班人员要求：

1）必须清楚地了解本站电气设备调度范围的划分，熟知本规程中调度管理基本制度、调度操作术语及其他有关部分。

2）属于调度范围内的电气设备的操作，必须得到值班调度员的指令或许可后方可操作。

3）双路电源的客户变电站，当一路电源无电时，在确知非本站事故引起的情况下，可以先拉开无电的进线开关，再合上备用电源开关，然后报告值班调度员。

4）客户变电站或配电室进行并路倒闸时，应自行停用进线保护投入合环保护；对于具有选择性的合环保护，在操作时应将压板投到需停的开关上；以上要求应列入现场操作规程。因环路电流大合不上环的站，应停电倒闸。

5）客户变电站或配电室进行低压侧并路倒闸（电源侧不合环）时，保护装置必须高低压可靠配合，必须安装可靠的解合环自动装置。

6）属于调度范围内的设备因扩建、改建工程而变更接线时，须事先征得调度部门的同意，并修改相应调度协议。

7.6　政治供电管理

政治供电管理统一归口于公司运检部，由运检部政治供电办公室统一安排公司政治保电活动及其方案。政治保电按照公司标准划分，分为特级、一级、二级、三级四个级别。

市调在安排日常检修计划工作要考虑政治供电影响。调控运行人员在故障处理中要考虑政治供电影响，在重要保电活动中要按照公司《国网北京市电力公司重大活动供电保障管理办法》相关要求开展调控运行工作。

7.6.1　政治供电管理

（1）各级调度机构根据政治供电管理部门提供的政治保电清单（含保电级别、户名、路名、上级电源厂站名、时间和要求）拟定政治供电方式，制订本级调度事故预案，审核下级调度部门事故预案。

（2）各有关单位接到政治供电方式文件后，根据政治供电方式按调度权限做好相关保电措施和反事故预案。

（3）相关的重点厂、站、调度客户和重点线路的运行管理单位应加强运行巡视，发现问题要及时汇报值班调度员和有关领导，并采取相应措施。

（4）重大政治活动期间，各级值班调度员在倒闸操作时，应重点考虑对政治活动场所的影响，如遇有事故处理时应优先安排处置并恢复供电。

7.6.2　日常供电管理

（1）调度客户及其他临时性政治活动场所，由政治供电管理部门负责按调度范围的划分。事前书面通知有关调度机构，同时说明保电级别、户名、路名、上级电源厂站名、日期、时间和要求调度机构采取的具体措施。

（2）各级调度机构接到通知后，应会同相关部门及时调整电网停电计划，做好相关保电措施。

（3）各级值班调度员在倒闸操作时，应重点考虑对重要客户和临时政治活动场所的影响。如遇有事故处理时应优先安排处置并恢复供电。

（4）涉及重要客户外电源的切改方案应经调度部门和运维部门审核后方可实施。涉及二级重要客户的方案应经各供电公司调度和生技部门审核。涉及特级、一级重要客户的方案应经调度通信中心和运维部审核。

第8章 电网操作管理

8.1 操作基本制度

8.1.1 操作指令票拟定

（1）调度员根据日常计划检修票、方式变更单、批准书等拟定操作指令票，或者根据电网异常及事故情况拟定操作指令票。

（2）拟定操作指令票要做到：①对照厂站接线图检查停电范围是否正确；②根据实际需要对照厂站接线图与厂站（包括集控站、运维队、调度客户）值班人员核对工作内容、运行方式、停电范围及现场有关规定；③了解电网风险，明确注意事项；④发现疑问应核对清楚，不得凭记忆拟票。

（3）操作指令票拟定完毕审核后，要将其下发至相关运维队，运维队操作人员审核指令票是否合理并反馈意见，称之为"对票"。运维队对指令票没有原则上意见，按照调控拟定指令票执行。

（4）操作指令票拟定按照调度管理系统调度倒闸操作票编制流程执行，在系统中形成电子指令票。

8.1.2 调度指令执行

（1）操作指令的发布无特殊情况应严格执行停、送电时间。任何情况下，严禁"约时"停送电、"约时"挂拆地线和"约时"开工检修。

（2）值班调度员在发布操作指令前，应征得同值调度员的同意。值班调度员在发布操作指令、施工令时，必须执行监护制度，一人下达命令，另一人进行监护。

（3）涉及到多方调度的操作时，任何一方对设备的操作，影响另一方系统运行方式或参数改变均应事先向另一方通报。

（4）值班调度员应严格按操作指令票发布指令，遇有特殊情况操作步骤需要临时调整，必须重新履行操作指令的拟定手续。

（5）值班调度员在发布操作指令时，必须冠以"命令"二字，受令人须主动重复操作指令，值班调度员须认真听取受令人重复指令，核对无误后才可允许其进行操作。

（6）发电厂、变电站（含客户变电站）站内工作需在停电范围内挂地线时，应按照设备调度权的归属由运行值班人员向值班调度员申请，值班调度员在审核设备确系停电且有明显断开点后，可向变电站发布挂地线的操作许可指令，地线的许可指令应在下达施工令的同时下达。

（7）发电厂、变电站（含客户变电站）等站内工作，凡需在线路侧挂拆地线或合拉线路侧接地刀闸的，一律由值班调度员下令，不允许由现场值班人员自行操作；站内工作而线路有电时，值班调度员向现场下施工令时，应说明在停电范围以内地线操作许可，同时强调：线路带电。

（8）线路停电检修工作，站内设备线路侧地线或接地刀闸的操作，必须由值班调度员下达调度指令（新、改、扩建线路测参数等特殊情况除外）。

（9）35kV 及以上线路停电检修工作，应将线路各侧开关及刀闸（含开关小车）拉开，在其线路侧各侧地线均挂好或接地刀闸合入后（不能挂时值班调度员须向停送电要令人说明），值班调度员才能下达线路施工命令（特殊情况除外）。

（10）在施工令下达后，值班人员可自行操作停电范围内的设备，完工交令前应恢复到自行操作前的状态（调度下令操作的设备不在此列）。

8.1.3 停电计划执行

（1）各单位申报的停电计划在当日开工前需得到值班调度员下达的施工令后方能进行。

（2）对于双重调度的设备，运维队人员在接到双方值班调度员下达的施工令后，方可开始工作。

（3）任何停电检修工作（包括事故检修），必须保证停电范围内有明显的断开点（封闭式组合开关的刀闸、开关小车刀闸等均视为明显断开点）。

（4）带电作业的工作，值班调度员需与厂、站值班人员、线路停送电要令人严格核对工作范围，施工人员不得超范围工作。

（5）同一停电范围内，当下达第一个施工令时，须征得同值调度员的同意。

（6）线路停送电要令人应在调度批准的工作时间内申请要施工令，要令时必须报告姓名、停电票编号、所停路名、停电范围、工作内容，核对无误后值班调度员方可下达施工令。

（7）厂、站值班人员及线路停送电要令人在向值班调度员报告"工作完、可送电"前，必须将自行封挂的地线全部拆除。

（8）线路（含电缆）工作完工后，应在现场及时交令，交令时向值班调度员报告姓名、停电票编号、所停路名、设备改变情况和相位有无变动、自行封挂地线是否全部拆除、人员是否撤离等。完工时开闭设备的拉合状态应保持要令时的位置。

（9）检修计划申请单位应严格执行已批准的开工时间（恶劣天气除外），并不得擅自增加工作内容和延长工期。

（10）检修工作因故无法按时完成，申请延期不超过当日 24 时，应由变电站值班人员或线路停送电要令人，在计划完工时间 1 小时前，口头向值班调度员提出申请，值班调度员根据工作情况给予批复。

（11）检修工作因故延期可能超过当日 24 时，应由申请单位的停电计划专责人在计划完工当日 14 时前向调度停电计划管理人员提出申请。批准延时的由停电计划管理人员变更计划完工时间。

（12）受天气原因影响而不能按期完成的设备计划检修，可以根据天气情况办理停电计划延期。

8.2 系统并解列操作

电网在正常运行情况下，与电网相连的所有同步发电机的转子均以相同的角速度运转，且在发电机转子间的相对电角度也在合理的范围内，我们把这种情况称为发电机（群）或者电网的同步运行。

两个不同步运行的系统并在一起成为一个同步运行的系统，这个过程称之为并列；反之，一个系统分成两个不同步运行的系统，这个过程称之为解列。

并列、解列可以是一台发电机与电网之间，也可以是两个电网之间。

系统并列条件：①相序、相位必须相同。②频率相同，无法调整时频率偏差不得大于 0.3Hz。并列时两系统频率必须在 50 ± 0.2Hz 范围内。③电压相等，无法调整时 220kV 及以下电压差最大不超过 10%，500kV 最大不超过 5%。

系统解列条件：两个系统解列后均保持稳定运行。解列时必须将解列点有功功率调整到零，无功功率调到最小。

8.3 解合环操作

电网合环运行，也称环路运行，环路运行就是把电气性能相同的变电站或变压器相互接成一个环状的输配电系统，使原来或单回路运行的输电或供电网络经两回或多回输电线路连接成为单环环状或多环状运行的环网运行方式。合环运行可以提高电网供电可靠性。但合环运行不够经济，规模受设备短路容量限制。

将单路运行的网络合并成双路运行网络，或者将两个环路网络合并成大环路网络，称之为合环；反之，将环路网络分解成两个小环路网络或者单路运行的网络称之为解环。

合环操作需要注意以下事项:

(1)合环前必须确知合环点两侧相序、相位正确,电压差、相角差符合要求,如果有同期装置,可以用同期装置鉴定操作。

(2)解合环前应考虑到环路内所有开关设备的继电保护和安全自动装置的使用情况,潮流变化是否会引起设备过负荷、过电压以及电网稳定破坏等问题。

(3)解环后,若多电源供电的变电站改为单电源供电或发电厂机组全停改由单电源供电时,则按单带负荷处理。当恢复原运行方式时应将继电保护和安全自动装置作相应的调整。

8.4 变压器操作

8.4.1 变压器并列运行

两台或多台变压器高压侧连接在一起运行,中(低)压侧也连接在一起的运行方式,称为变压器并列运行,也称为并联运行。变压器各侧不连接在一起运行或者仅高压侧连接在一起运行,称为变压器分列运行。变压器并列运行的最理想情况是变压器之间无环流。

变压器并列运行常用在环路运行网络中,变压器分列运行常用负荷网络中。另外,分列运行变压器在停电、送电过程中,也常需要短时并列。

变压器并列运行条件:①接线组别相同;②变比相等;③短路电压相等。如果上述条件不完全一致,则需要通过计算,确保不影响变压器安全运行。

变压器并列运行规定:在北京电网要满足以下条件:

(1)应保持任一台变压器 220kV 和 110kV 中性点同时接地,其他变压器中性点断开的运行方式。

(2)运行中的变压器中性点接地刀闸如需倒换,则应先合上另一台变压器的中性点接地刀闸,再拉开原来变压器的中性点接地刀闸。

(3)如果变压器 220kV 或 110kV 侧开路运行,应将开路运行线圈的中性点接地,有零序保护的须投入零序保护。

(4)变压器并列运行的变电站,应优先将 10kV 侧接有负荷(含站用变压器)的变压器中性点接地。

8.4.2 变压器投、停

110kV 及以上变压器投入运行时,应先将各侧中性点接地,然后再从高压侧给变压器充电。如该变压器在正常运行时中性点不应接地,则在变压器投入运行后,立即将中性点断开。

110kV 及以上变压器停运时，先将低中压侧负荷倒出，将变压器各侧中性点接地，由高压侧开关拉空载变压器。

220kV 及以下电压等级的内桥（含扩大内桥）接线变压器投入运行时，条件具备时应采用进线开关充电。

下列情况可不考虑变压器中性点是否接地：①拉路拉、合主变压器上级电源开关；②上级电源开关（断路器）在运行中跳闸又发出；③运行中的变压器进线开关无电后，自动（或手动）断开此进线开关，合入备用电源开关。

备用变压器有自投装置的应预先将备用变压器的中性点刀闸合上，在自投成功后，应将所投变压器的中性点刀闸拉开（运行中中性点要求接地的除外）。

倒停变压器应检查并入的变压器（或母联开关）确实带负荷后，才允许操作要停的变压器，并应注意相应改变自投装置、消弧线圈的补偿、10kV 接地电阻和中性点的运行方式。

110kV 及以上发电机—变压器组在并列操作前，必须合上变压器中性点接地刀闸，并列后再按规定改变中性点接地方式。

8.5 线路操作

8.5.1 负荷线路操作

（1）停电操作时，先操作负荷侧变电站的进线开关刀闸，再操作电源侧厂、站的出线开关刀闸；在线路各侧开关刀闸均断开的情况下，才能下令在线路上挂地线；送电时顺序相反。

（2）线路有"T"接变电站的应先操作"T"接变电站；送电时线路恢复后再恢复"T"接站方式。

（3）带有横差保护的双回线路，其中一回线路的停电操作，应先拉开电源侧开关，再拉开负荷侧开关，送电时顺序相反。

8.5.2 环网线路操作

停电操作时，先拉开线路各侧开关，再拉开开关两侧刀闸，在线路各侧开关刀闸均断开的情况下，才能下令在线路上挂地线；送电时顺序相反。

对于 3/2 开关接线的厂站，应先拉开中间开关，后拉开母线侧开关。

环网线路送电时应注意以下几点：

（1）选择充电端时，应尽量避免由发电厂端充电。

（2）220kV 及以上 3/2 接线原则上采用靠近母线一侧的开关对线路充电，应避免采用连接主变的开关对线路充电。

（3）应考虑线路充电功率可能引起线路末端设备过电压或发电机自励磁，

必要时采取调整电压和防止自励磁的措施。

（4）充电开关应具备至少一套完备的继电保护。

（5）充电端应有变压器中性点接地。

（6）对末端接有变压器的线路进行送电时，应考虑末端电压升高对变压器的影响，必要时应事先进行计算。

8.6 母线操作

8.6.1 母线停电操作

母线停电时，要将母线上所带负荷倒空，再将母线上所有开关断开，将母线转冷备用或检修状态。

双母线接线：将待停母线所有开关倒至另一条母线，拉开母联开关，将母线转热备用后再转检修，通常可用综合令将母线由运行转检修。

3/2 接线的母线：直接将母线所有连接开关断开，不影响电网运行方式，通常采用综合令将母线由运行转检修。

单母线接线：通常将母线所带馈线负荷倒空，拉开母线所有馈线开关，再利用主变开关或进行开关将母线转热备用，最后将母线转检修。

内桥接线：母线与变压器一般同时安排工作，按照最大停电范围将母线和变压器同时停运。

8.6.2 母线送电操作

母线送电时，将母线首先转为热备用状态，然后利用母联、变压器主开关或进线开关为母线充电，充电完毕后，将母线转成正常运行方式。

双母线接线：将母线转热备用，投母联充电保护，用母联开关给母线充电无问题后，退母联充电保护，将母线倒为正常运行方式。

3/2 接线的母线：将母线转热备用，利用线路开关给母线充电，恢复系统正常运行方式。

单母线、内桥接线：将母线热备用，利用进行开关或转变开关给母线及变压器送电。

8.6.3 10（35）kV 母线与接地电阻

母线停电时，先拉待停母线的变压器主开关，后拉对应接地电阻开关。

母线恢复供电时，先合对应接地电阻开关，后合变压器主开关。

8.7 刀闸操作

刀闸（隔离开关）不能作为开断设备，仅能拉开一些无充电电流设备。

电网正常时，220kV 及以下刀闸可以拉、合电压互感器、避雷器（附近无雷电时）、另外一端断开的限流电抗器、空母线（特殊规定的除外）、开关的旁路电流、变压器中性点接地点，3/2 接线的母线环流（需具备 3 串运行）。

拉开开关两侧刀闸时，应先拉负荷侧、后拉电源侧，恢复时相反。

严禁带电用刀闸小车拉合 10kV 母线间联络电缆。

第9章 电网故障处理

9.1 事故及异常处理基本原则

电网事故及异常处理遵从以下基本原则：

（1）迅速对事故情况作出正确判断，限制事故发展，切除事故的根源，并解除对人身和设备安全的威胁。

（2）用一切可能的方法保持电网的稳定运行。

（3）尽快对已停电的客户恢复供电，优先恢复重要客户的供电。

（4）及时调整系统的运行方式，保持其安全运行。

（5）通知有关运行维护单位组织抢修。

电网发生事故时，有保护动作、开关跳闸的厂、站运行值班人员应及时、清楚、正确地向所属调度报告。报告的主要内容包括：

（1）时间、设备名称及其状态。

（2）继电保护和安全自动装置动作情况（主要是动作于开关分合闸的信息）。

（3）出力、频率、电压、电流、潮流等变化情况。

（4）当日站内工作及现场天气情况等。

（5）仔细检查后，将设备损坏情况报值班调度员。

（6）其他电压、负荷有较大变化或保护装置有动作信号的厂站，运行值班人员也应向值班调度员报告。

电网发生事故后，调度员应及时通知受影响的下级调度及相关调度客户，同时下级调度与调度客户也应该配合调度员进行事故处理。

9.2 变压器故障处理

变压器跳闸后，调度员应首先解决因跳闸引发的运行问题：

（1）了解运行变压器及相关设备负载情况。如果有相邻变压器或线路过载，则要解决其过载问题。

（2）了解安全自动装置动作情况，中性点运行方式。

（3）解决设备过载问题，调整中性点运行方式，满足电网运行要求。

其次，根据保护动作情况进行处理：

（1）瓦斯保护动作跳闸，运行值班人员不得试送。经现场检查、试验判明是瓦斯保护误动时，可向值班调度员申请试送一次。

（2）差动保护动作跳闸，现场查明保护动作原因是由于变压器外部故障造成，并已排除，可向值班调度员申请试送一次。

（3）变压器因过流保护动作跳开各侧开关时，运行值班人员应检查主变压器及母线等所有一次设备有无明显故障，检查所带母线出线开关保护有无动作，如有动作但未跳闸时按越级跳闸处理，先拉开此出线开关后再试送变压器。如检查设备均无异状，出线开关保护亦未动作，可先拉开各路出线开关试送主变压器一次。如试送成功再逐路试送各路出线开关。

（4）变压器中、低压侧过流保护动作跳闸时，检查所带母线有无故障点，有故障点时，排除故障点后，用主变压器开关试送母线；无故障点时，按越级跳闸处理：

1）线路保护动作开关未跳，运行值班人员应拉开该开关，试送主变压器开关。

2）线路保护无动作显示时，运行值班人员应拉开各路出线开关试送主变压器开关，试送成功后逐路试送各路出线开关，试送中主变压器开关再次跳闸，拉开故障线路开关后发出主变压器开关。

3）出线开关与主变压器开关同时跳闸时，按线路保护动作开关未跳的处理方法处理。

4）对于经消弧线圈接地的 35kV 或 10kV 系统，运行值班人员应在母线充电后先行投入消弧线圈；对于未装设自调谐消弧线圈的，母线所带负荷恢复后，由相关调度员下达调度指令调整消弧线圈分接头位置。

5）运行值班人员在执行完后向调度报告。

（5）瓦斯、差动保护同时跳闸，未查明原因和消除故障之前不得送电。

（6）气体变压器因本体、闸箱、电缆箱气体压力保护动作跳闸，未查明原因前不得试送。

（7）变压器零序保护及间隙保护动作跳闸的处理：

1）当 220kV 变压器 220kV 侧零序保护或间隙保护动作跳闸时，应先将 220kV 接地系统恢复后再恢复变压器的运行。

2）220kV 变压器 110kV 侧零序保护或间隙保护动作跳闸时，经现场检查主变压器等设备未发现明显故障点，确属非本站原因造成，按越级跳闸处理，拉开出线开关，可试送变压器。

（8）强迫循环的变压器冷却设备全停，原则上不应停用"冷却器全停跳闸"保护，如需强行停用应由公司领导批准。同时，值班调度员立即安排倒负荷，运行值班人员立即检查冷却设备全停原因，设法恢复冷却设备。

（9）变压器冷却设备全停，而"冷却器全停跳闸"保护未动作跳闸或停用时，运行值班人员在达到下列规定值之一时（制造厂另有规定的除外），立即拉开变压器各侧开关，然后报告值班调度员：

1）强油风冷（水冷）变压器冷却系统故障切除全部冷却器后，当顶层油温达到75℃且运行时间超过20min或运行时间超过1h。

2）强迫气体循环风冷变压器冷却系统故障发出"冷却器全停"信号后，当负荷超过额定负荷的30%且运行时间超过15min。

（10）主变压器冷却设备全停跳闸，冷却系统未恢复前原则上不强送主变压器。强迫气体循环风冷变压器冷却设备全停跳闸后，若影响站内照明或影响重要负荷，可以强送变压器（先停"冷却器全停跳闸"保护），但应严格将负荷控制在额定负荷的30%以内。

9.3　线路故障处理

9.3.1　单电源线路故障

（1）线路开关跳闸后，重合闸投入而未动作，运行值班人员应立即试送一次（如不许立即试送的应列入现场规程），然后报告值班调度员。

（2）开关跳闸重合不成功，值班调度员应命令带电检查开关外部情况（无人站除外），如开关设备无异状可试送一次。

（3）试送不成功时，值班调度员应命令检查站内设备情况并了解线路对端各厂、站设备情况，根据线路接线情况做分段试送，造成客户停电的，可再试送一次。

（4）带横差保护的双回负荷线路开关跳闸的处理：

1）双回线路其中一回路跳闸，无论有无重合闸、重合闸动作与否，运行值班人员不试送，立即报告值班调度员，若线路有T接站或另一回路过负荷运行时，值班调度员应下令从负荷端试送一次。

2）双回路其中一回路检修停电时，运行的一回线路发生跳闸按单电源线路跳闸规定处理。

3）双回路两路开关同时跳闸无论有无重合闸、重合闸动作与否，运行值班人员不作试送立即报告值班调度员。调度员应根据线路保护动作情况作以下处理：①电源侧厂、站只有后备保护跳闸时，应命令检查负荷端厂、站设备有无明显故障，若保护未动时，拉开两个受电开关，再命令电源侧厂、站分别试送两线路开关。②电源侧厂、站只有后备保护跳闸时，负荷侧方向过流保护或两侧线路横差保护也有动作指示的，应命令负荷侧拉开有对应保护动作指示的线路开关后，再由电源侧厂、站分别试送两个开关，试送时可先不考虑停用横差保护。并应检查越级跳闸的原因，以便恢复正常方式。

9.3.2 双电源线路开关跳闸

（1）双电源线路开关跳闸运行值班人员不试送，应立即报告值班调度员。

（2）值班调度员必须判明线路无电的情况下才允许试送。如果线路开关跳闸且线路有电压时，值班调度员可命令进行检定同期并列或合环。

（3）线路开关跳闸重合闸投入而未动作且线路各电源侧开关均已断开时，值班调度员应选择线路一侧试送一次，试送成功后，另一侧检定同期并列或合环。

（4）线路开关跳闸重合不成功，开关检查无异状时，值班调度员可选择线路一侧再试送一次，如线路中间有 T 接变电站，应拉开 T 接变电站开关进行试送。当开关检查有异状时，可用对侧开关或旁路开关代路试送。

（5）双侧电源线路选择试送电侧的一般原则：

1）线路电源阻抗较大的一侧。

2）电网运行要求的一侧。

3）尽量避免用发电厂一侧。

4）联络线跳闸解列成两个不同电网时，由哪一侧试送，应考虑到试送成功后的有功和无功电力平衡问题（包括试送不良、短路突增功率的影响）和如何恢复并列问题，尽量避免从小系统试送线路。

5）有利于故障处理和恢复正常方式的一侧。

6）对重要客户供电影响较小的一侧。

9.3.3 线路试送注意事项

（1）当电网发生线路跳闸，造成电网大面积停电或威胁到电网安全稳定运行，值班调度员可以根据电网运行情况，对跳闸线路进行试送。

（2）电网平稳运行时，当遇到下列情况时，不允许对线路进行远方试送：

1）监控员汇报站内设备不具备远方试送操作条件；

2）运维单位人员汇报由于严重自然灾害、山火等导致线路不具备恢复送电的情况；

3）全线电缆线路故障或者故障可能发生在电缆段范围内（规程规定的特殊情况除外）；

4）架空线路中含充油电缆（区间判别在非电缆段的除外）；

5）继电保护故障测距（故障录波测距）小于 0.5km，同时伴随故障间隔设备气室压力低告警；

6）通过变电站视频监视发现设备室有漏油、冒烟、着火等明显故障现象；

7）被告知故障线路有倒塔（杆）、断线、覆冰等故障现象；电缆有着火、击穿等故障现象；

8）判断故障可能发生在站内；

9）线路有带电作业，且明确故障后不得试送；

10）输电通道、电缆沟道故障线路查线人员未撤离；

11）相关规程规定明确要求不得试送的情况。

9.4 母线故障处理

9.4.1 多电源母线

多电源母线故障，若为环网运行变电站母线，则必将引起潮流变化和转移，应该首先解决母线故障引发的断面越线和电网稳定问题。

（1）当发生母线故障时，厂站运行值班人员应立即将开关、保护装置动作情况报告值班调度员，并迅速检查母线设备，查找故障位置后报值班调度员。

（2）当母线因故障导致电压消失时（确定不是电压互感器断线或保险熔断），同时伴有明显的短路象征（如火光、爆炸声、冒烟等情况），运行值班人员不得自行恢复母线运行，应对母线设备进行详细检查，同时立即报告值班调度员。

（3）处理原则：

1）不允许对故障母线不经检查即强行转入运行，以防对故障点再次冲击而扩大事故。

2）若有明显的故障点且可以隔离，应迅速将故障点隔离，恢复母线的运行。

3）有明显的故障点但无法迅速隔离：①若双母线接线单母线运行时发生故障，需切换到非故障母线时，必须注意确定非故障母线在备用状态且无任何工作时，才可进行切换。若此母线在检修中，应视情况令其停止检修工作迅速转运行。②若运行双母线中的一条母线发生故障，将无故障设备采取先拉后合母线刀闸的方式切至运行母线上恢复运行。

4）属于双电源或多电源的母线发生故障后，在恢复设备运行时应防止非同期合闸。

5）双母线及多母线的母线发生故障，在处理故障过程中要注意母线保护的运行方式，必要时可短时停用母线保护。

6）若找不到明显的故障点，则应优先选择合适的外部电源对故障母线进行充电，电厂母线故障有条件的可采用发电机对故障母线进行零起升压，其次选用有充电保护的母联开关进行试充电。一般不允许用变压器向故障母线充电。

7）母线故障可能使系统解列成若干部分，值班调度员应尽快检查中性点接地运行方式，保证各部分系统有适当的中性点接地，防止事故扩大。

运行值班人员处理母线故障的原则：①母线电压全部消失后，运行值班人员应不待调度指令立即将可能来电的开关（包括母联开关）拉开，对母线进行外部检查，并迅速报告值班调度员。②将故障母线上的完好元件采取先拉后合母线刀闸的方式切至正常运行的母线。③线路对端有电源，应根据值班调度员的指令进行同期并列或合环。

8）母线无母线保护（或因故停用中），母线失去电压，应联系值班调度员后，按以下方法处理：①单母线运行时，应立即选择适当的线路电源充电一次，若不成功可切换到备用母线进行充电。②双母线运行时，应先拉开母联开关，选择适当的电源分别进行充电一次。

9）母线因母线保护动作而失去电压时，应先检查母线，在确认母线无永久性故障后，按以下方法处理：①单母线运行时，应选择适当的线路电源充电一次，若不成功可切换到备用母线进行充电。②双（或多）母线运行而又同时失去电压时，应立即先拉开母联开关，选择适当的电源分别进行充电一次。③双（或多）母线运行一条母线失去电压时（母线保护有选择动作），应选择适当的线路电源充电一次。尽量避免用母联开关充电。

10）连接在母线上的元件故障或由于越级跳闸造成母线失去电压，应立即将故障元件隔离，然后恢复母线运行。

9.4.2　单电源母线

单电源母线故障，应首先查看是否造成负荷停电，应设法恢复停电负荷，减少母线停电造成的损失。如果是越级造成母线停电，设法排除越级线路，恢复母线运行。

带负荷的 35kV 或 10kV 单电源母线发生故障，故障点明显且仅用倒闸操作的手段无法隔离故障恢复负荷时，运行值班人员应立即将故障母线所有开关断开、小车拉出（拉开线路侧刀闸）后上报值班调度员，以便停电负荷由其他电源带出。

9.5 开关异常处理

开关异常根据造成的影响有：①开关无法坚持运行；②开关无法合闸；③开关无法分闸；④开关压力机构打压频繁；⑤开关非全相。

9.5.1 开关无法坚持运行

运维队现场汇报开关无法坚持运行，则调控员立即采取措施，将开关带有负荷倒出后，将开关转检修处理。

9.5.2 开关无法合闸

开关压力异常，会造成开关无法合闸，此时监控员或现场运维人员发现后，应立即采取措施，将开关断开，避免开关压力继续降低，再闭锁分闸。

9.5.3 开关无法分闸

开关压力降低一定程度，会造成开关无法分闸，也称闭锁分闸，此时调度员应立即采取措施，设法将开关从系统中隔离开关，避免发生故障，引发越级造成更大损失。

当开关压力降低至分合闸闭锁时，值班调度员应采用下列方法隔离闭锁开关：

（1）用旁路开关（或其他开关）与闭锁开关并联，用刀闸解环路使闭锁开关断电。

（2）用母联开关与闭锁开关串联，用母联开关断开电源，再用闭锁开关两侧刀闸使闭锁开关断开。

（3）如果闭锁开关所带元件（线路、变压器等）有条件停电，则可先将对端开关拉开，再按上述方法处理。

（4）单母线运行的厂站采用刀闸隔离闭锁开关时，应将该母线所有负荷倒出后，可用刀闸拉开空母线或用上一级开关断开电源，再隔离闭锁开关。

9.5.4 开关操动机构打压频繁

开关的液压机构打压频繁，值班调度员可命令运行值班人员采取不停负荷拉、合的方法解决，无效时视具体情况停开关处理。

9.5.5 开关非全相运行

运行中的 220kV 及以上开关出现非全相运行时，运行值班人员立即报告值班调度员，值班调度员按以下原则进行处理。

（1）运行中的开关断开两相时应立即将开关拉开。

（2）运行中开关断开一相时，可手动试合开关一次，试合不成功，再将开关拉开。

联络线的开关在进行拉开操作时，若开关只拉开一相，运行值班人员应立即将开关合上，并报告值班调度员。若开关只拉开两相，运行值班人员应停止操作，并报告值班调度员，值班调度员尽快将该开关停用。

联络线的开关在进行合闸操作时，开关只合上一相或两相，运行值班人员应立即将开关拉开，并报告值班调度员。若不能拉开时，应立即报告值班调度员，值班调度员尽快将该开关停用。

开关非全相无法手动隔离的，可以参照开关闭锁分闸的处理方法。

9.6 通信中断处理

通信中断时，相关发电厂、变电站要设法恢复通信，已经下达的指令可以执行，已经操作完毕的指令待通信结束后再回令。如果市调与各发电厂、变电站市区联系，可以按照规定启动市调备调运行。

（1）当市调与各地调、发电厂、变电站失去联系时，值班调度员应立即通知通信调度值班人员，通信部门及各发、供电单位应立即采取一切办法恢复通信联系。必要时可通过移动通信手段进行调度业务联系。

（2）正常情况下发生通信中断时，各厂、站应保持当时的运行方式不得变动，若通信中断前已接受值班调度员的操作指令时，应将指令全部执行完毕（有合环操作的应停止操作），待通信恢复时报告。

（3）凡不涉及安全问题或时间性没有特殊要求的调度业务，失去通信联系后，在未与值班调度员联系前不应自行处理。

（4）凡自动低频减负荷动作跳闸的开关，如能判断频率恢复正常时，可逐路发出，待通信恢复后报告值班调度员。

（5）当发生事故而通信中断时，各厂、站应根据事故情况、继电保护和安全自动装置动作情况，频率、电压、电流的变化情况慎重分析后自行处理，严禁非同期合闸。待通信恢复后立即报告值班调度员。

（6）与市调失去通信联系的各地调、发电厂、变电站，应尽可能保持运行方式不变。发电厂应按原定发电曲线和有关规定运行。

9.7 调度自动化系统异常处理

自动化部分图形异常，通知自动化系统人员处理，如果自动化系统遥测遥信功能异常或自动化通信功能失去，市调按照要求启动备调运行。

（1）通知各地调及设备运行单位加强市调所辖设备监视，发生设备异常及故障及时向市调汇报。

（2）通知各厂站退出 AGC、AVC，按调度指令进行机组出力调整，各厂站按电压曲线调整电压。

（3）调度自动化系统全停期间，市调调度值班员不下令操作，事故处理可继续进行，但应与现场仔细核对运行方式。

第10章 继电保护及安全自动装置配置原则

10.1 变压器保护

10.1.1 通用规定

（1）电压在10kV以下、容量在10MVA及以下的变压器，采用电流速断保护。

（2）电压在10kV以上、容量在10MVA及以上的变压器，应装设纵联差动保护。对于电压为10kV的重要变压器，当电流速断保护灵敏度不符合要求时也可以采用纵联差动保护。

（3）220kV及以上变压器保护按双重化原则配置（非电量保护除外），两套保护应选用主、后备保护一体式装置，并应满足以下要求：

1）两套保护应分别作用于220kV及以上断路器的两组跳闸线圈。

2）两套相互独立的电气量保护装置的电源应取自由不同直流电源系统供电的保护直流母线段。

3）两套保护装置的交流电流、交流电压应分别取自电流互感器和电压互感器相互独立的二次绕组。

4）两套纵差保护的各侧均接外附电流互感器（低压侧为靠近开关的电流互感器）。

5）用于保护的隔离刀闸的辅助触点、切换回路应遵循相互独立的配置原则。

6）两套差动保护宜采用不同的涌流闭锁原理。

7）两套保护装置的电流、电压采样值应分别取自相互独立的合并单元。

8）双重化配置的合并单元应与电子式互感器两套独立的二次采样系统一一对应。

9）双重化配置保护装置使用的GOOSE（SV）网络应遵循相互独立的原则，当一个网络异常或退出时不应影响另一个网络的运行。

10）两套保护的跳闸回路应与两个智能终端分别一一对应；两个智能终端

应与断路器的两个跳闸线圈分别一一对应。

（4）220kV 及以下高压为桥接线方式的变电站，变压器保护总出口动作的同时，闭锁相邻高压桥自投。

（5）非电量保护

1）变压器非电量保护的工作电源不得与控制电源共用。

2）110kV 及以上变压器非电量保护跳闸出口必须与电气量保护出口分开。

3）油浸式变压器：①0.8MVA 及以上油浸式变压器和 0.4MVA 及以上车间油浸式变压器，均应装设瓦斯保护；当壳内故障产生轻微瓦斯或油面下降时，应瞬时动作于信号；当壳内故障产生大量瓦斯时，应动作于断开变压器各侧断路器。②同时动作于跳闸和信号的保护：本体重瓦斯、调压箱重瓦斯、电缆箱重瓦斯、冷却器全停。③动作于信号的保护：本体轻瓦斯、电缆箱轻瓦斯、顶层油温过温、绕组温度过温、油位异常、压力释放。

4）气体变压器：①同时动作于跳闸和信号的保护：本体气体低压力跳闸、本体压力突变、调压箱压力突变、调压箱压力跳闸、高压电缆箱压力突变，电缆箱气体低压力跳闸、冷却器全停。②动作于信号的保护：本体气体低压力报警、调压箱气体低压力报警、调压箱气体高压力报警、电缆箱气体低压力报警、本体气体温度、本体绕组温度。③其他非电量保护配置以变压器厂家建议为准。

5）水冷变压器：①同时动作于跳闸和信号的保护：本体重瓦斯、调压箱重瓦斯、电缆箱重瓦斯、压力突变、冷却器全停、水系统异常。②动作于信号的保护：本体轻瓦斯、调压轻瓦斯、本体油位异常、调压油位异常、油温高、绕组温度高、油流异常、压力释放。③其他非电量保护配置以变压器厂家建议为准。

10.1.2　500kV 变压器

（1）按双重化原则配置纵差和后备保护（非电量保护除外），两套保护应选用主、后备保护一体式装置，每套保护应包括纵差主保护和完整的后备保护。变压器各侧主、后备保护共用一组外附电流互感器二次绕组。

（2）自耦变压器还应配置高中压分相差动保护。

（3）500kV 侧后备保护：①设置一段两时限式带偏移特性的阻抗保护，方向指向变压器，第一时限跳本侧，第二时限跳总出口。②设置两段式零序电流保护。Ⅰ段带方向，方向指向 500kV 母线，第一时限跳本侧，第二时限跳总出口。Ⅱ段不带方向，跳总出口。③主接线形式为双母线的厂站，零序和阻抗保护应考虑跳高压侧母联和分段断路器。④设置反时限过励磁保护。采用相电压接线，保护设置：低值发信号，高值跳闸。

（4）220kV 侧后备保护：①设置一段式四时限带偏移特性的阻抗保护，方向指向 220kV 母线。第一时限跳分段，第二时限跳所在母线母联，第三时限跳本侧，第四时限跳总出口。②设置两段式零序电流保护。Ⅰ段带方向，方向指向 220kV 母线，第一时限跳分段，第二时限跳母联，第三时限跳本侧；Ⅱ段不带方向，跳总出口。

（5）66kV（35kV）侧后备保护：设置Ⅰ段式两时限相间过流保护，第一时限跳本侧，第二时限跳总出口。有调相机的变压器，采用复合电压或低电压闭锁。

（6）过负荷保护：①变压器各侧均设置过负荷保护，延时发信号。②自耦变压器还应设置一套公共绕组过负荷保护，延时发信号，其电流取自耦变压器公共绕组套管电流互感器。

（7）动作于 500、220kV 侧断路器的电气量保护均起动相对应的失灵保护。起动 220kV 侧断路器失灵保护时，应具备解除失灵保护复合电压闭锁功能。

10.1.3　220kV 变压器

10.1.3.1　一般规定

（1）按双重化原则配置纵差和后备保护（非电量保护除外），两套保护应选用主、后备保护一体式装置，每套保护应包括纵差主保护和完整的后备保护，不得存在保护死区。

（2）主变压器非电量保护应同时作用于断路器的两组跳闸线圈。

（3）220kV、110kV 侧带路时，至少一套差动保护切换至带路开关的电流互感器，其电流互感器变比应与被带开关一致。

（4）主变压器 220kV、110kV 及 35kV（10kV）侧复合电压闭锁过流保护宜与差动保护共用一组电流互感器，取自断路器电流互感器。

（5）两套保护还应设置 35kV（10kV）限流电抗器侧复合电压闭锁过流功能，电流取自限流电抗器靠近变压器侧的电流互感器。

（6）220kV、110kV 侧中性点零序过流保护电流取自变压器对应的中性点零序电流互感器。

（7）220kV、110kV 侧中性点间隙零序电流和间隙电压保护分别取自中性点间隙电流互感器和母线电压互感器开口三角电压，分别经延时跳变压器总出口。

（8）变压器各侧均应配置过负荷保护功能，延时动作于信号。

（9）220kV 断路器优先采用开关本体三相不一致保护，如断路器不具备，应在保护装置中配置三相不一致保护。

（10）主变压器动作于 220kV 侧开关的电气量保护应起动 220kV 侧失灵保护，应具备解除失灵保护复合电压闭锁功能。

10.1.3.2　220kV 联络变压器

（1）220kV 及 110kV 侧后备保护。

1）设置两段式复合电压闭锁相间过流保护，Ⅰ段带方向，方向指向本侧母线，第一时限动作于母联（分段）、第二时限动作于本侧断路器；Ⅱ段不带方向，跳总出口。三侧复合电压构成"或"门。

2）设置两段式中性点零序电流保护，Ⅰ段带方向，方向指向本侧母线，第一时限动作于母联（分段）、第二时限动作于本侧断路器；Ⅱ段不带方向，跳总出口。

（2）35kV（10kV）侧后备保护。

设置两段式复合电压闭锁相间过流保护，Ⅰ段第一时限跳低压分段，第二时限跳本侧，同时闭锁相邻分段自投；Ⅱ段跳总出口。

10.1.3.3　220kV 负荷变压器

（1）220kV 侧后备保护。

1）设置一段式三侧复合电压闭锁相间过流保护，不带方向，跳总出口。三侧复合电压构成"或"门。

2）设置一段式零序电流保护，不带方向，第一时限跳母联（分段）、第二时限跳总出口。

（2）110kV 侧后备保护

1）设置两段式复合电压闭锁相间过流保护，Ⅰ段第一时限跳母联（分段），第二时限跳本侧；Ⅱ段跳总出口。三侧复合电压构成"或"门。

2）设置两段式零序电流保护，Ⅰ段不带方向，第一时限跳母联（分段），第二时限跳本侧；Ⅱ段不带方向，跳总出口。

（3）35kV（10kV）侧后备。

1）设置两段式复合电压闭锁相间过流保护，Ⅰ段第一时限跳低压分段，第二时限跳本侧，同时闭锁相邻分段自投；Ⅱ段跳总出口。若带 A、B 分支开关，则各分支按上述原则单独配置保护。

10.1.4　110kV 负荷变压器

10.1.4.1　主保护

主保护可按以下两种方式配置保护（优先采用主后一体双套配置方式）：

（1）主、后一体双套配置。配置两套主、后一体式变压器保护，每套保护包含完整的纵差保护和后备保护。两套保护应分别取自不同的电流互感器二次绕组。

（2）主、后分开单套配置。配置一套纵差保护和一套完整的后备保护，后备保护应按侧单独配置。纵差保护和后备保护宜取自不同的电流互感器二次绕组，纵差保护各侧均应取自断路器的电流互感器。

10.1.4.2　110kV 侧后备保护

（1）设置一段式复合电压闭锁相间过流保护，跳总出口。对于三绕组变压器，复合电压取自中、低压侧，二者构成"或"门；对于两绕组变压器，复合电压取自低压侧。

（2）设置过负荷保护，延时发信号。

10.1.4.3　35kV 侧后备保护

（1）设置两段式复合电压闭锁相间过流保护，第一段跳分段，第二段跳本侧，同时闭锁相邻分段自投。

（2）设置过负荷保护，延时发信号。

10.1.4.4　10kV（6kV）侧后备保护

（1）设置两段式复合电压闭锁相间过流保护，第一段跳分段，第二段跳本侧，同时闭锁相邻分段自投。若本侧带 A、B 分支开关，则各分支应按上述原则单独配置保护。

（2）设置过负荷保护，延时发信号。

10.1.5　35kV 及以下变压器

10.1.5.1　35kV 变压器

（1）配置一套纵差保护和一套完整的后备保护，后备保护应按侧单独配置。纵差保护各侧均应接外附电流互感器。

（2）35kV 侧，设置一段式复合电压闭锁相间过流保护，跳总出口。电流取自变压器外附电流互感器。电压取自 10kV 侧电压互感器。

（3）10kV 侧，设置一段式相间过流保护，第一时限跳分段，第二时限跳本侧，同时闭锁相邻分段自投。电流取自变压器外附电流互感器。

（4）各侧配置过负荷保护，延时发信号。

10.1.5.2　10kV 站用变压器

配置相间速断和过流保护，若 10kV 侧为低电阻接地系统，还应配置两段式零序过流保护，动作跳开本侧开关。

10.1.5.3　10kV 接地变压器

（1）配置相间速断和过流保护。

1）接地变压器接于 10kV 母线时，接地变压器保护动作于对应母线的变压器 10kV 主断路器；

2）接地变压器接于变压器 10kV 分支处时，接地变压器保护动作于变压器总出口。

（2）配置零序电流保护。

1）接地变压器接于 10kV 母线时，应配置两段式零序电流保护：Ⅰ段跳相邻分段；Ⅱ段跳变压器 10kV 主断路器，并闭锁相邻分段自投。

2）接地变压器接于变压器 10kV 分支处时，应配置三段式零序电流保护：Ⅰ段跳相邻分段；Ⅱ段跳变压器 10kV 主断路器，并闭锁相邻分段自投；Ⅲ段跳变压器总出口。

（3）变压器 10kV 主断路器辅助闭触点联跳 10kV 接地变压器断路器，不得经过继电器重动。

10.2　线路保护

10.2.1　220kV 及以上线路保护

（1）220kV 及以上线路保护按双重化原则配置，两套保护应选用主、后备保护一体式装置，并满足以下要求：

1）每套保护装置均应具备完整的主保护和后备保护功能；

2）两套保护装置的电源应分别取自不同的直流电源系统供电的直流母线段；

3）两套保护装置的交流电流、交流电压应分别取自电流互感器和电压互感器相互独立的二次绕组；

4）线路纵联保护的通道应遵循相互独立的原则按双重化配置，两套主保护分别使用独立的远方信号传输设备，优先采用光纤通道作为纵联保护的传输通道。

5）两套保护宜采用一套专用、一套复用通道方式；

6）每套保护装置应设有独立的跳闸回路，不同保护装置的内部电路之间应无电气联系；

7）断路器应有两组跳闸线圈，两套保护分别作用于断路器的两组跳闸线圈；

8）用于保护的断路器和隔离刀闸的辅助触点、切换回路应遵循相互独立的配置原则；

9）两套保护装置的电流、电压采样值应分别取自相互独立的合并单元；

10）双重化配置的合并单元应与电子式互感器两套独立的二次采样系统一一对应；

11）双重化配置保护装置使用的 GOOSE（SV）网络应遵循相互独立的原则，当一个网络异常或退出时不应影响另一个网络的运行；

12）两套保护的跳闸回路应与两个智能终端分别一一对应；两个智能终端应与断路器的两个跳闸线圈分别一一对应。

（2）220kV 及以上线路应配置双套光纤通道的纵联电流差动保护，保护通道宜采用一专一复方式，复用光纤通道宜采用 2Mbit/s 通道。

（3）线路各侧相对应的纵联保护必需配置相同厂家、相同原理的保护装置。

（4）后备保护包括三段式相间、接地距离保护，两段式零序电流保护。

（5）电缆线路或电缆与架空混合线路，应在电源侧装设过负荷保护，保护延时动作于信号。

（6）优先采用断路器本体的三相不一致保护，如断路器不具备，应在保护装置中配置三相不一致保护。

（7）旁路断路器保护：

1）配置独立的线路保护。

2）所带出线有纵联保护作为主保护时，应满足：①220kV 旁路断路器应至少装设一套与所带线路同厂家、同原理、切换通道方式的纵联保护装置，并具备重合闸功能。②500kV 旁路断路器应装设两套与所带线路同型号、切换通道方式的纵联保护装置。

10.2.2 110kV 线路

（1）110kV 线路优先配置专用光纤通道的纵联电流差动保护。

（2）后备保护优先配置距离保护及零序电流保护，不满足距离保护运行条件时，可配置电流保护。

（3）符合下列条件之一的 110kV 单端 T 接线路，应配置专用光纤通道的三端纵联电流差动保护作为线路主保护：

1）根据系统稳定计算，有全线速动要求时；

2）线路较短，其正序或零序阻抗（二次值）不满足保护装置灵敏整定参数，或其参数不能满足定值按选择性、灵敏性要求进行整定时；

3）采用三端纵联电流差动保护后，不仅改善本线路保护性能，而且能够改善整个电网保护的性能；

4）具备条件的全线电缆或电缆与架空混合线路。

（4）线路各侧相对应的纵联电流差动保护必需配置相同厂家、相同原理的保护装置。

（5）电缆线路，或电缆与架空混合线路，应配置过负荷保护，保护延时限动作于信号。

（6）旁路断路器保护。

1）配置独立的线路保护；

2）若所带出线有纵联电流差动保护时，旁路应配置同型号保护装置。

10.2.3　35kV 及以下线路

（1）配置两段式相间电流保护。

（2）多级短线路供电，如电流保护不满足配合要求时，宜采用纵联差动保护作为主保护，电流保护作为后备保护。

（3）带有小电源的线路，必要时保护应具有方向性。

（4）低电阻接地系统的 10kV 线路还应配置两段式零序电流保护。

（5）有全线速动要求并且具备光纤通道条件的 35kV 及以下线路可配置纵联电流差动保护。

10.3　母线及失灵保护

（1）220kV 及以上母线（桥接线方式除外）应采用双重化配置母线保护，两套保护宜采用不同厂家的产品。母线保护应含失灵保护功能，每套母线保护动作分别作用于断路器的一组跳闸线圈。两套母线保护装置的交流电流、交流电压应分别取自电流互感器和电压互感器相互独立的二次绕组。

（2）对于 35～110kV 电压的母线，在下列情况下应装设 1 套专用母线差动保护：

1）110kV 双母线；

2）110kV 单母线（包括 110kV 变电站单母分段主接线和 220kV 变电站的110kV 单母分段主接线）；

3）重要发电厂或 110kV 以上重要变电站的 35～66kV 母线，需要快速切除母线上的故障时。

（3）110kV 及以上母线分段接线方式：

1）双母单分段接线方式，按一段母线配置母差保护。

2）双母双分段接线方式，按两段母线配置母差保护。

3）单母分段接线方式，母线数不大于 3 条，按一段母线配置母差保护；否则按两段母线配置母差保护。

（4）220kV 及以上（3/2 接线方式除外）断路器失灵启动电流判别元件应在母线保护装置内设置。每套线路（变压器）保护动作各启动一套失灵保护。

（5）3/2 接线方式的失灵保护按断路器配置，不装设闭锁元件。

（6）500kV 变电站的 220kV 母线保护应动作于本母线上的变压器总出口。

（7）变压器中压侧有自投运行的 220kV 变电站，其 220kV 母线保护应作用于本母线上变压器的总出口。

（8）变压器中压侧并列运行的 220kV 变电站，其 220kV 母线保护应作用于本母线上变压器高压侧出口。

（9）母线保护动作时，应闭锁有关断路器的自动重合闸。

（10）母联或分段断路器的充电保护动作启动失灵保护。

（11）数字式母线（3/2 接线方式除外）、失灵保护装置内部均应设有复合电压闭锁功能，不再单独配置复合电压闭锁装置。当复合电压闭锁功能包含在母线保护装置中时，其复合电压闭锁元件与母差元件应由不同 CPU 计算。

（12）非数字式母线保护（或失灵保护）装置的电压闭锁接点应分别与跳闸各出口接点串接。

（13）母线保护（或失灵保护）跳母联断路器及分段断路器，可不经复合电压闭锁。

（14）在母联或分段断路器上，宜配置相电流或零序电流保护，保护应具备可瞬时和延时跳闸的回路，作为母线充电保护，并兼作新线路投运时（母联或分段断路器与线路断路器串接）的辅助保护。

10.4 断路器保护

（1）3/2 接线及单元接线的断路器保护按断路器配置，应具备断路器失灵、充电保护、重合闸、三相不一致保护功能。

（2）配置有母线保护的母线上的母联或分段断路器应单独配置充电保护。

（3）110kV 及以上电压等级进线侧母联合环保护。

1）符合下列条件之一的单母分段或内桥接线的变电站的母联或分段断路器，应配置一段相间过流和一段零序过流的合环保护：①电源线路未配置纵联电流差动保护；②电源线路配置纵联电流差动保护但负荷端未投入跳闸；③单母分段接线的母线未配置差动保护。

2）合环保护在变电站并列倒闸操作前投入，倒闸操作完毕后退出。

（4）线路或变压器采用断路器本体的三相不一致保护，应设置投退联片，具有动作信号保持，并提供录波接点。

（5）3/2 接线方式，如装设出线刀闸的，配置双套短引线保护。

10.5　安全自动装置

10.5.1　一般规定

（1）在电力系统中，应装设安全自动装置，以防止系统稳定破坏或事故扩大而造成大面积停电，或对重要用户的供电长时间中断。

（2）电力系统安全自动装置，是指在电力网中发生故障或异常运行时，起控制作用的自动装置。如自动重合闸、备用电源和备用设备自动投入、自动低频减载等。

10.5.2　自动重合闸

（1）架空线路和电缆与架空混合线路，应配置自动重合闸。

（2）旁路断路器、兼作旁路的母线联络断路器或分段断路器，应配置自动重合闸。

（3）双重化配置的线路保护，每套保护均应具备重合闸、起动重合闸、闭锁重合闸的功能。

（4）一次系统为 3/2 接线方式的线路，按断路器配置重合闸。

（5）自动重合闸宜同时具备由保护起动及控制开关位置与断路器位置不对应起动两种方式。

（6）自动重合闸应具备后加速功能。

（7）自动重合闸应具有接受外部闭锁信号的功能。

（8）无特殊要求，重合闸按一次重合闸配置。

（9）220kV 及以上线路配置综合重合闸，综合重合闸包括单重、三重、综重、停用四种方式。

（10）110kV 及以下线路配置三相重合闸。

（11）110、35kV 地区电源并网线路配置检无压和检同期重合闸。

10.5.3　备自投

（1）一般规定。

1）分裂运行的母线或互为备用的线路，应装设备用电源自动投入装置（简称备自投）。

2）应保证在工作电源或设备断开后，才投入备用电源或设备。

3）备自投应保证只动作一次。

4）备自投的动作应考虑正常运行方式和检修方式，检修方式按 $N–1$ 原则考虑。

5）无压跳闸回路一般不设有压鉴定元件，无压鉴定元件必须取自两个独立的电压源，宜取自不同电压等级。

（2）备自投装置应配置经复压闭锁的过流后加速保护，电压闭锁应取自相邻两条母线的电压互感器经"与"逻辑判别。110kV 及以上系统还应配置不经电压闭锁的零序后加速保护。

（3）高压为单元接线方式，无压跳回路延时跳开变压器各侧主开关。

（4）内桥接线方式，动作于变压器总出口的保护，闭锁变压器高压侧相邻分段断路器自投。

（5）线路与分段合电流保护，动作后闭锁分段自投。

（6）变压器 10kV 后备保护动作闭锁相邻分段自投。

（7）手动分开进线断路器应闭锁相邻分段自投。

（8）10kV 低电阻接地系统，接地变压器零序保护动作跳主变压器 10kV 断路器同时闭锁相邻分段自投。

10.5.4 自动低频减载

（1）电力系统中，应装设足够数量的自动低频减载装置。当电力系统因事故发生功率缺额时，由自动减载装置断开一部分次要负荷，以防止频率过度降低，并使之很快恢复到一定数值，从而保证电力系统的稳定运行和重要负荷的正常工作。

（2）35kV 及 10kV 路优先采用线路保护中的低频减载功能。

（3）集中式低频减载应按不同母线段单独设置，取各自母线电压。

（4）低频减载装置应满足以下要求：

1）具备低电压闭锁及滑差闭锁功能；

2）具备可投退及整定的电流闭锁功能；

3）低频减载保护动作同时闭锁线路重合闸。

10.6 35kV 及以下电源并网

（1）地区电源如与系统联网，应在地区电源侧装设低频、低压振荡解列装置。

（2）地区电源如与系统联网，系统侧相关保护应联跳地区电源并网断路器。

（3）有地区电源并网的 110kV 及以下变电站，应加装变压器中性点过电压保护，保护动作跳开地区电源并网断路器。

（4）有 35kV 及以下电源并网的变电站，其各侧分段断路器的自投启动回路中不加入无压鉴定条件。

监控篇

第11章 变压器运行

11.1 主要作用及简要工作原理

变压器的作用是将某一等级的电压与电流变换为另一等级的电压和电流，它由绕在铁芯上的两个或两个以上绕组组成，绕组间通过交变磁场联系着。

变压器的基本工作原理就是电磁感应原理。电源侧绕组称为一次绕组，负载侧绕组称为二次绕组，当交流电 U_1 加到一次绕组后，交流电 I_1 流入该绕组并产生励磁作用，在铁芯中产生交变磁通 Φ，这个磁通不仅穿过一次绕组，同时也穿过二次绕组，分别在两个绕组中产生感应电动势 E_1 和 E_2，这时如果二次绕组与外电路的负载接通，便有电流 I_2 流入负载，于是就有电能输出。

11.2 典型信号及含义（见表11-1）

表 11-1 典型信号及含义

		信号描述	信号含义
冷却系统	油浸风冷	××变压器冷却器故障报警	主变压器冷却器发生故障
		××变压器冷却器电源Ⅰ故障报警	主变压器冷却器电源Ⅰ故障
		××变压器冷却器电源Ⅱ故障报警	主变压器冷却器电源Ⅱ故障
		××变压器风冷控制电源故障报警	主变压器风冷控制电源故障
		××变压器辅助风扇投入	主变压器温度达到定值，辅助风扇投入
	强油风冷	××变压器油泵电源失电报警	主变压器油泵电源失电
		××变压器油流异常报警	主变压器油流异常
		××变压器冷却器故障报警	主变压器冷却器故障
		××变压器冷却器电源Ⅰ故障报警	主变压器冷却器电源Ⅰ故障
		××变压器冷却器电源Ⅱ故障报警	主变压器冷却器电源Ⅱ故障
		××变压器冷却器全停启动	变压器冷却器全部停止运行，延时启动变压器三侧开关跳闸
		××变压器冷却器全停出口	变压器冷却器全停跳变压器三侧开关
		××变压器备用冷却器投入报警	工作冷却器发生故障，备用冷却器投入发此信号

续表

		信号描述	信号含义
冷却系统	强油水冷	××变压器油泵电源失电报警	主变压器油泵电源失电
		××变压器油流异常报警	主变压器油流异常
		××变压器水泵电源失电报警	主变压器水泵电源失电
		××变压器油水交换器泄漏仪动作报警	油水交换器内存在泄漏
		××变压器水流异常报警	主变压器水流异常
		××变压器补水箱水位低报警	主变压器补水箱水位低
		××变压器冷却器故障报警	主变压器冷却器发生故障
		××变压器冷却器电源Ⅰ故障报警	主变压器冷却器电源Ⅰ故障
		××变压器冷却器电源Ⅱ故障报警	主变压器冷却器电源Ⅱ故障
		××变压器冷却器全停启动	变压器冷却器全部停止运行，延时启动变压器三侧开关跳闸
		××变压器冷却器全停出口	变压器冷却器全停跳变压器三侧开关
		××变压器备用冷却器投入报警	工作冷却器发生故障，备用冷却器投入发此信号
	强气风冷	××变压器气泵电源失电报警	主变压器气泵电源失电
		××变压器气流异常报警	主变压器气流异常
		××变压器冷却器故障报警	主变压器冷却器故障
		××变压器冷却器电源Ⅰ故障报警	主变压器冷却器电源Ⅰ故障
		××变压器冷却器电源Ⅱ故障报警	主变压器冷却器电源Ⅱ故障
		××变压器冷却器全停启动	变压器冷却器全部停止运行，延时启动变压器三侧开关跳闸
		××变压器冷却器全停出口	变压器冷却器全停跳变压器三侧开关
		××变压器备用冷却器投入报警	工作冷却器发生故障，备用冷却器投入发此信号
调压机构	有载调压	主变压器BCD码位置第一位	计算主变压器档位用
		主变压器BCD码位置第二位	计算主变压器档位用
		主变压器BCD码位置第三位	计算主变压器档位用
		主变压器BCD码位置第×位	计算主变压器档位用
		××变压器有载调压失电报警	主变压器有载调压失电
		××主变压器有载调压动作	主变压器调分头
		××主变压器有载调压闭锁报警	闭锁有载调压

11.3　典型异常事故处置

题目：西单变电站 1 号变压器风冷全停

异常现象：

（1）监控机报警：铃响，西单变电站动作。

（2）报警窗信息：西单站 1 号变压器冷却器全停故障报警。

（3）监控机主接线：无变化。

（4）监控机遥测：无变化。

异常处置：

（1）记录时间，恢复音响。

（2）记录西单变电站异常情况。

（3）根据信号情况初步判断为西单变电站站 1 号变风冷全停。

（4）将简要情况上报处内领导，并立即通知检修分公司值班室。

（5）通过视频监视系统检查西单变电站 1 号变压器未见明显异常。

（6）汇报调控一处调度员：西单变电站准备合母联 134 开关。

（7）自行操作西单变电站：停 1 号变压器。

1）合上西单母联 134、234 开关。

2）拉开 1 号变压器 201、接地电阻 214、母联 134 开关。

3）合上 1 号变压器 7-1 刀闸。

4）拉开椿西一 111 开关。

（8）密切监视西单变电站 2 号变压器负荷、温度情况，通知检修分公司值班室运维队人员到达现场后加强测温。

（9）××运维队人员到现场后应与调控处联系，调控处应告知其站内运行方式、异常动作情况和异常先期处理的情况。

（10）异常处理完毕，检修分公司值班室人员上报调控处，双方核对设备位置、信号。调控处人员应了解异常发生及处理过程。

（11）异常处理后，填写运行日志、缺陷及异常情况记录。

11.4　监视注意事项

（1）度夏、度冬或变压器本身负载率较大，要注意监视变压器负载率及变压器油温情况，同一变电站变压器负载率相同变压器油温应基本一致，变压器油温数值存在明显异常应按缺陷流程进行处理。

（2）强油风冷、强油水冷等冷却器全停将造成变压器跳闸的变压器，应重点监视冷却器全停启动及出口信号，在 SCADA 系统中应将此类信号全部设置为事故信号，发现变压器冷却器全停，应尽快调整变压器运行方式，避免变压器风冷全停跳闸。

变压器保护动作跳闸，要注意核查是否伴发非电量动作信号，压力释放、水喷雾、消防信号是否动作，并利用视频监视系统进行检查，必要时进行录像回放。

第12章 开关刀闸运行

12.1 主要作用及简要工作原理

12.1.1 开关（断路器）的作用和要求

开关（断路器）是变电站的重要设备之一。正常情况下，开关用来开断和关合电路，故障时通过继电保护动作来断开故障电流，以确保电力系统安全运行，同时开关又能完成自动重合闸任务，以提高供电可靠性。

对开关的基本要求：

（1）在正常情况下能开断和关合电路。能开断和关合负载电流，能开断和关合空载长线路和电容器组等电容性负荷电流，以及能开断空载变压器或高压电动机等电感性小负荷电流。

（2）在电网发生故障时能将故障从电网上切除。

（3）要尽可能缩短断路器切除故障时间，以减轻电力设备的损坏，提高电网稳定性。

（4）能配合自动重合闸装置进行单重、综重的动作。

12.1.2 断路器的分类

按照灭弧介质的不同，断路器可划分为以下几种：

（1）油断路器：又分为多油断路器和少油断路器，它们都是触头在油中开断、接通，用变压器油作为灭弧介质。

（2）SF_6断路器：利用强力用压缩空气来吹灭电弧的断路器。

（3）真空断路器：触头在真空中开断、接通，在真空条件下灭弧的断路器。

（4）固体产气断路器：利用固体产气材料，在电弧高温作用下分解出的气体来熄灭电弧的断路器。

（5）磁吹断路器：在空气中由磁场将电弧吹入灭弧栅中，使之拉长、冷却而熄灭电弧的断路器。

12.1.3 刀闸的主要作用

（1）分段隔离。

（2）倒换母线。

（3）开合空载电路。

（4）自动快速隔离。

12.2 典型信号及含义（见表12-1）

表12-1 典型信号及含义

			信号描述	信号含义
断路器	敞开式	弹簧机构	××断路器弹簧未储能报警	断路器弹簧未储能，造成断路器不能合闸
			××断路器储能电机运转超时报警	断路器储能电机运转超过规定时间
			××断路器气室SF$_6$压力低报警	监视断路器本体SF$_6$压力数值。由于SF$_6$压力降低，压力（密度）继电器动作
			××断路器气室SF$_6$压力低闭锁报警	断路器本体SF$_6$压力数值低于闭锁值，压力（密度）继电器动作
			××断路器交直流电源故障报警	断路器交直流电源故障
			××断路器控制回路断线报警	控制电源消失或控制回路故障，造成断路器分合闸操作闭锁
			××断路器储能电机故障报警	断路器储能电机发生故障
		气动机构	××断路器气室SF$_6$压力低报警	监视断路器本体SF$_6$压力数值。由于SF$_6$压力降低，压力（密度）继电器动作
			××断路器气室SF$_6$压力低闭锁报警	断路器本体SF$_6$压力数值低于闭锁值，压力（密度）继电器动作
			××断路器交直流电源故障报警	断路器交直流电源故障
			××断路器空压机运转	断路器空压机运转
			××断路器空气压力低报警	断路器气动机构压力数值低于报警值，压力继电器动作
			××断路器空气压力低闭锁合闸报警	断路器气动机构压力数值低于合闸闭锁值，压力继电器动作
			××断路器空气压力低闭锁分闸报警	断路器气动机构压力数值低于分闸闭锁值，压力继电器动作
			××断路器空气压力低闭锁重合闸报警	断路器气动机构压力数值低于重合闸报警值，压力继电器动作
			××断路器空气压力高报警	断路器气动机构压力数值高于报警值，压力继电器动作
			××断路器空压机运转超时	断路器空压机运转时间超限
			××断路器空压机电源断线	断路器空压机电源回路断线
			××断路器控制回路断线报警	控制电源消失或控制回路故障，造成断路器分合闸操作闭锁

			信号描述	信号含义
断路器	组合电器	弹簧机构	××断路器弹簧未储能报警	断路器弹簧未储能，造成断路器不能合闸
			××断路器储能电机运转超时报警	断路器储能电机运转超过规定时间
			××断路器气室SF$_6$压力低报警	监视断路器本体SF$_6$压力数值。由于SF$_6$压力降低，压力（密度）继电器动作
			××断路器气室SF$_6$压力低闭锁报警	断路器本体SF$_6$压力数值低于闭锁值，压力（密度）继电器动作
			××间隔其他气室SF$_6$压力低报警	××间隔除开关间隔外其他仓室SF$_6$压力数值低于报警值，压力（密度）继电器动作
			××断路器交直流电源故障报警	断路器交直流电源故障
			××断路器线路带电显示器故障报警	控制电源消失或控制回路故障，造成断路器分合闸操作闭锁
			××断路器储能电机故障报警	断路器储能电机发生故障
			××断路器控制回路断线报警	控制电源消失或控制回路故障，造成断路器分合闸操作闭锁
		气动机构	××断路器气室SF$_6$压力低报警	监视断路器本体SF$_6$压力数值。由于SF$_6$压力降低，压力（密度）继电器动作
			××断路器气室SF$_6$压力低闭锁报警	断路器本体SF$_6$压力数值低于闭锁值，压力（密度）继电器动作
			××间隔其他气室SF$_6$压力低报警	××间隔除开关间隔外其他仓室SF$_6$压力数值低于报警值，压力（密度）继电器动作
			××断路器交直流电源故障报警	断路器交直流电源故障
			××断路器线路带电显示器故障报警	断路器带电显示器发生故障
			××断路器空压机运转	断路器空压机运转
			××断路器空气压力低报警	断路器气动机构压力数值低于报警值，压力继电器动作
			××断路器空气压力低闭锁合闸报警	断路器气动机构压力数值低于合闸闭锁值，压力继电器动作
			××断路器空气压力低闭锁分闸报警	断路器气动机构压力数值低于分闸闭锁值，压力继电器动作
			××断路器空气压力低闭锁重合闸报警	断路器气动机构压力数值低于重合闸报警值，压力继电器动作
			××断路器空气压力高报警	断路器气动机构压力数值高于报警值，压力继电器动作
			××断路器空压机运转超时	断路器空压机运转时间超限

			信号描述	信号含义
断路器	组合电器	气动机构	××断路器空压机电源断线	断路器空压机电源回路断线
			××断路器控制回路断线报警	控制电源消失或控制回路故障，造成断路器分合闸操作闭锁
		液簧机构	××断路器油泵运转	断路器油泵运转
			××断路器油压低报警	断路器油压数值低于报警值，压力继电器动作
			××断路器油压低闭锁合闸报警	断路器油压数值低于闭锁合闸值，压力继电器动作
			××断路器油压低闭锁分闸报警	断路器油压数值低于闭锁分闸值，压力继电器动作
			××断路器油压低闭锁重合闸报警	断路器油压数值低于闭锁重合闸值，压力继电器动作
			××断路器油泵异常报警	断路器油泵异常
			××断路器交直流电源故障报警	断路器交直流电源故障
			××断路器线路带电显示器故障报警	断路器带电显示器发生故障
			××断路器控制回路断线报警	控制电源消失或控制回路故障，造成断路器分合闸操作闭锁
			××断路器储能电机故障报警	断路器储能电机发生故障
			××断路器液簧机构打压超时报警	断路器打压超时
		液压机构	××断路器油泵运转	断路器油泵运转
			××断路器油压低报警	断路器油压数值低于报警值，压力继电器动作
			××断路器油压低闭锁合闸报警	断路器油压数值低于闭锁合闸值，压力继电器动作
			××断路器油压低闭锁分闸报警	断路器油压数值低于闭锁分闸值，压力继电器动作
			××断路器油压低闭锁重合闸报警	断路器油压数值低于闭锁重合闸值，压力继电器动作
			××断路器油泵异常报警	断路器油泵异常
			××断路器交直流电源故障报警	断路器交直流电源故障
			××断路器线路带电显示器故障报警	断路器带电显示器发生故障
			××断路器控制回路断线报警	控制电源消失或控制回路故障，造成断路器分合闸操作闭锁
			××断路器储能电机故障报警	断路器储能电机发生故障
			××断路器液压机构打压超时报警	断路器打压超时

		信号描述	信号含义
组合电器	汇控柜	××汇控柜交流电源消失报警	汇控柜交流电源消失
		××汇控柜直流电源消失报警	汇控柜直流电源消失
		××汇控柜加热器故障报警	汇控柜加热器故障
		××汇控柜电气联锁解除	汇控柜电气联锁解除
断路器	开关柜弹簧机构	××断路器弹簧未储能报警	断路器弹簧未储能，造成断路器不能合闸
		××间隔SF_6气压异常报警	监视断路器本体SF_6压力数值。由于SF_6压力异常，压力（密度）继电器动作
		××断路器SF_6压力低报警	监视断路器本体SF_6压力数值。由于SF_6压力降低，压力（密度）继电器动作
		××断路器SF_6压力低闭锁报警	断路器本体SF_6压力数值低于闭锁值，压力（密度）继电器动作
		××断路器控制回路断线报警	控制电源消失或控制回路故障，造成断路器分合闸操作闭锁
		××开关柜风机故障报警	开关柜风机故障
		××小车	小车位置遥信
	位置信息	××开关	开关位置遥信
		××A相开关	A相开关位置遥信
		××B相开关	B相开关位置遥信
		××C相开关	C相开关位置遥信

12.3 典型异常事故处置

题目：范各庄110kV变电站111 SF_6压力降低闭锁

异常现象：

（1）监控机报警：铃响，范各庄变电站动作。

（2）报警窗信息：范各庄变电站111开关压力降低报警动作、范各庄站111 SF_6压力降低闭锁动作、范各庄变电站111开关控制回路断线动作。

（3）监控机主接线：无变化。

（4）监控机遥测：无变化。

异常处置：

（1）记录时间，恢复音响。

（2）记录范各庄变电站异常情况。

（3）根据信号情况初步判断为范各庄变电站 111 开关闭锁。

（4）将简要情况上报处内领导，并立即通知检修分公司值班室。

（5）通过视频监视系统检查范各庄变电站 111 间隔设备未见明显异常。

（6）汇报调控一处调度员：雁栖湖变电站准备合上母联 145 开关。

（7）自行操作雁栖湖变电站合上母联 145 开关、拉开北怀二矿雁支 111 开关。

（8）调控处令怀北矿变电站：倒负荷，停北怀二矿支 111-2 刀闸。

（9）调控处自行操作范各庄变电站：合上母联 145、345、245 开关，拉开 1 号变压器 201、301、母联 145 开关，合上 1 号变压器 7-1 刀闸。

（10）调控处汇报调控一处异常处置情况。

（11）调控处自行操作怀柔变电站：拉开北怀二 116 开关。

（12）××运维队人员到现场后应与调控处联系，调控处应告知其站内运行方式、异常动作情况和异常先期处理的情况。

（13）调控处令范各庄变电站：145、345、245 自投停用，拉开 111-2、111-4 刀闸，在 111 开关两侧挂地线。

（14）调控一处自行操作怀柔变电站：合上北怀二 116 开关。

（15）调控处自行操作雁栖湖变电站：合上北怀二矿雁支 111 开关、拉开母联 145 开关。

（16）调控处令范各庄变电站：合上母联 145 开关，拉开 1 号变压器 7-1 刀闸，合上 1 号变压器 301、201 开关，拉开母联 345、245 开关，345、245 自投运行。

（17）异常处理完毕，检修分公司值班室人员上报调控处，双方核对设备位置、信号。调控处人员应了解异常发生及处理过程。

（18）异常处理后，填写运行日志、缺陷及异常情况记录。

12.4　监视注意事项

（1）度夏、度冬或本身负荷较大时注意监视开关所带线路负载率。

（2）度冬期间或气温较低时注意监视开关本体或机构压力、GIS 其他气室压力情况，有异常及时通知检修分公司值班室并按缺陷流程进行处理。

线路开关跳闸，对于 GIS，要注意同步检查是否伴发其他气室压力降低信号，并与 SCADA 信号、故录系统等综合判断。

第13章 母 线 运 行

13.1 主要作用及简要工作原理

在变电站中各级电压配电装置的连接，以及变压器等电气设备和相应配电装置的连接，大多采用矩形或圆形截面的裸导线或绞线，这统称为母线。母线的作用是汇集、分配和传送电能。由于母线在运行中，有巨大的电能通过，短路时，承受着很大的发热和电动力效应，因此，必须合理的选用母线材料、截面形状和截面积，以符合安全经济运行的要求。

13.2 典型信号及含义（见表13-1）

表13-1　　　　　　　　　典 型 信 号 及 含 义

		信号描述	信号含义
电压互感器	电压互感器		
	母线 TV	××kV×××TV 断线	母线 TV 断线
		××kV×××TV 二次空气开关跳闸	母线 TV 二次空气开关跳闸
		××kV×××TV 间隔气室 SF$_6$ 气压低报警	母线 TV 气室 SF$_6$ 压力降低至报警值，压力继电器动作
		××kV×××TV 接地	母线 TV 接地
	线路 TV	×××线路 TV 断线	线路 TV 断线
		×××线路 TV 二次空气开关跳闸	线路 TV 二次空气开关跳闸
		×××线路 TV 间隔气室 SF$_6$ 气压低报警	线路 TV 气室 SF$_6$ 压力降低至报警值，压力继电器动作
		×××线路无压	线路 TV 接地
		10kV××号母线接地报警	母线单相接地

13.3 典型异常事故处置

案例：高鑫变电站 10kV4A、4B 母线失电事件处置（2014 年 6 月 13 日）。

13.3.1 故障概况

2014 年 6 月 7 日 9 时 14 分，110kV 高鑫变电站 241 高西线发生接地故障，线路保护装置零序 I 段动作跳开 241 开关，重合于永久性故障，241 开关保护装置发生异常并闭锁保护导致 241 开关保护未再动作。10kV 2 号接地变压器保护动作，跳开 202A、202B 开关，同时闭锁 245、254B 自投，造成 10kV 4A、4B 母线失压。

9 时 58 分，监控远方拉开 241 开关，10 时 10 分遥控合上 202A 开关返校超时，10 时 15 分站内合上 202A、202B 开关，10kV 4A、4B 号母线恢复供电。

13.3.2　故障影响

高鑫变电站 2 号变压器 202A、202B 开关跳闸，造成 10kV4A 号、4B 号母线停电，所带线路包括郭公庄水厂一 231（开关站）、动车段东一 232（二级重要客户）、诺德国际一 236（二级重要客户）、房山大葆台变电站一 238（一级重要客户）、托普写字楼一 239（高压客户）、高西 241（架空负荷线路）、京铁配餐一 242（高压客户）、高鑫家园一 244（开关站），共计有开关站电源线路 2 路、直配电缆线路 5 路、架空线路 1 路。

13.3.3　故障原因

现场检查发现，241 线路保护装置在故障过程中发生装置异常并闭锁保护是造成高鑫变电站 10kV4A、4B 母线失压的直接原因。

13.3.4　处置过程

（1）9 时 14 分丰台监控（王某）报：9:14 高鑫变电站 2 号变压器 202A、202B 开关跳闸，2 号接地电阻出口保护动作，10kV 4A、4B 号母线停电，母联 245、254B 开关闭锁，高西 241 开关保护信号异常（零序一段跳闸，无重合闸信号，开关显示合位）；

（2）9 时 15 分丰台监控（王某）通知青塔运维队到高鑫变电站检查设备；

（3）9 时 19 分房山调度（任某）：房山线大葆台变电站一路无压跳，已由二路带出，但站内显示一路进线带电。设备均无问题。即令其维持现运行方式（房山线大葆台变电站一路由高鑫变电站 10kV4A 号母线 238 开关馈出）；

（4）9 时 32 分令丰台监控（王某）核对高鑫变电站 202A 开关位置，显示为拉开。即令青塔运维队（陈某）检查高鑫变电站 202A 开关现场实际位置；

（5）9 时 58 分青塔运维队（陈某）报：高鑫变电站 202A、202B 开关在断开位置，高西 241 开关零序一段跳闸，重合闸动作之后未跳开，开关合闸位置；

（6）9 时 59 分令丰台监控（王某）：高鑫变电站拉开高西 241 开关；

（7）10 时 04 分令高鑫变电站（陈某）：245、254B 自投停用；

（8）10 时 10 分令丰台监控（王某）：高鑫变电站合上 2 号变压器 202A、202B 开关；

（9）10 时 13 分丰台监控（王某）报：远方操作系统遥控超时，操作失败；

（10）10 时 15 分令高鑫变电站（陈某）：合上 2 号变压器 202A、202B 开关；

（11）10 时 20 分令高鑫变电站（陈某）：245、254B 自投运行；

（12）10 时 28 分高鑫变电站（陈某）报：高鑫变电站恢复正常方式。

13.3.5 问题分析

（1）变电站"母线保护装置异常"信号处理不及时。丰台调控中心值班员在处置 5 月 31 日高鑫变电站 241 开关跳闸故障时，没有发现伴随上送的"高鑫变电站 10kV 4B 母线保护装置异常"信号未能自动复归，没有通知运维队处理。同时连续多日也未发现装置异常动作信息并未复归，直到 6 月 6 日报警信息由现场人员手动复归。

（2）调控值班人员和运维班组人员对变电站"母线保护装置异常"重视程度不够。此类信号可能导致其他异常信号不能正常上送，甚至造成保护装置出口闭锁、引发故障越级，给电网运行带来严重威胁，丰台公司调控值班人员和运维班组人员对此思想认识不足，告警信息处置方式简单，缺陷验收不细致，重复出现的保护设备缺陷没有给予足够重视。

（3）监控信息分析工作不深入。高鑫变电站 2014 年 4 月 16 日、5 月 21 日和 5 月 31 日 10kV4A 母线、4B 母线、5B 母线保护装置均出现过装置异常告警信息，丰台公司未将这种反复出现的异常作为典型问题组织进行专项分析和会商，没有及时发现设备的潜在隐患，监控信息分析和会商工作开展深度不够。

13.3.6 整改措施

（1）丰台公司、检修分公司对 6 月 7 日高鑫变电站 202A 遥控操作返校超时情况进行分析、查找原因，丰台公司要安排对高鑫全变电站开关进行状态操作。

（2）各单位应高度重视继电保护装置告警信息，在日常调控运行监视以及运维人员巡视过程中，如发现此类信息，应立即通知运维人员对异常情况进行核实，如为危急缺陷，应立即组织处理，并填写相关记录。

（3）各单位调控值班当值期间要落实信息全面巡视要求，要利用监控系统、视频系统对所辖站设备运行情况、动作未复归信息进行全面核查并做好记录。

（4）各单位调控值班员在故障处置后，要再次对监控系统信息进行梳理，有动作未复归信息要及时通知运维单位现场核实，属于缺陷的要纳入处缺流程。

（5）各地调要落实《监控值班工作日历》相关要求，交接班时要对动作未复归信息进行重点核查，核实信息是否正常、是否已进行处置并做好记录。

13.4 监视注意事项

（1）AVC 投切无功设备会产生伴发信号，调控人员在确认异常报警信息时要注意逐条确认，避免出现异常报警信息与伴生信息同时上送出现遗漏的情况。

（2）母线故障要结合 SCADA 报文、故障录波系统、视频监视系统等综合判断，尽快确保无故障设备正常运行。

（3）10kV 消弧线圈系统或不接地系统发生单相接地时，注意检查三相电压及零序电压，遥测数值不正确按缺陷流程进行处理。

第14章 容抗器运行

14.1 主要作用

14.1.1 电容器主要作用

电力电容器是一种无功补偿装置，电力系统的负荷和供电设备如电动机、变压器、互感器等，除了消耗有功功率外，还要吸收无功功率，如果这些无功功率都由发电机供给，必将影响它的有功出力，不但不经济，而且会造成电压质量低劣，影响用户使用。

电容器在交流电作用下能发出无功电力，如果把电容器并接在负荷或供电设备上运行，那么负荷或供电设备要吸收无功功率，正好由电容器供给，这就是并联补偿，并联补偿减少了线路能量损耗，可改善电压质量，提高功率因数，提高系统供电能力。

如果把电容器串联在线路上，补偿线路电抗，改变线路参数，这就是串联补偿，串联补偿可以减少线路电压损失，提高线路末端电压水平，减少电网的功率损失和电能损失，提高输电能力。

14.1.2 电抗器主要作用

电力系统中所采取的电抗器常见的有串联电抗器和并联电抗器，串联电抗器主要用来限制短路电流，也有在滤波器中与电容器串联或并联用来限制电网中的高次谐波，并联电抗器主要用来吸收无功功率，调整系统电压。

14.2 典型信号及含义（见表14-1）

表14-1　　　　　　　　　典型信号及含义

		序号	信号描述	信号含义
电容器	断路器	1	××电容器开关	电容器开关位置遥信
		2	××电容器分组开关	电容器分组开关位置遥信
	刀闸/手车位置	3	××电容器开关手车工作位置	电容器小车位置遥信
		4	××电容器接地刀闸	电容器接地刀闸位置遥信
		5	××电容器组刀闸	电容器组刀闸位置遥信
		6	××电容器组接地刀闸	电容器组接地刀闸位置遥信

	序号	信号描述	信号含义
电容器 SF₆ 断路器	7	××电容器开关 SF₆ 气压低报警	电容器开关 SF₆ 压力降低至报警值，压力继电器动作
	8	××电容器开关 SF₆ 气压低闭锁	电容器开关 SF₆ 压力降低至闭锁值，压力继电器动作
弹簧机构	9	××电容器开关弹簧未储能	断路器弹簧未储能，造成断路器不能合闸
机构异常信号	10	××电容器开关间隔其他气室 SF₆ 气压低报警	电容器开关其他间隔气室 SF₆ 压力降低至报警值，压力继电器动作
	11	××电容器开关储能电机故障	电容器开关储能电机故障
	12	××电容器开关加热器故障	电容器开关加热器故障
控制回路	13	××电容器开关控制回路断线	控制电源消失或控制回路故障，造成断路器分合闸操作闭锁
测控保护信号	14	××电容器保护出口	电容器保护出口，合发信号，包含过流、零序、过压、欠压、不平衡电压等
	15	××电容器测保装置异常	电容器测保一体装置异常
	16	××电容器 TA 异常报警	电容器 TA 异常
	17	××电容器 TV 异常报警	电容器 TV 异常
	18	××电容器测保装置控制切至就地位置	电容器开关远方就地切换手把位置遥信
	19	××电容器测保装置通信中断	电容器测保装置与监控系统通信中断，影响信号上送

14.3　典型异常事故处置

案例：2013 年西直门变电站电抗器 252 着火处置。

14.3.1　故障现象

（1）监控机报警：铃响，喇叭响，西直门变电站事故。

（2）报警窗信息：西直门 252 电抗器保护出口（RCS9621）、西直门 252 开关分。

（3）检修值班室监视信息：西直门变电站发生火灾报警动作。

（4）监控机主接线：西直门 252 开关分闸位置闪动。

（5）监控机遥测：西直门变电站 252 遥测值为零。

14.3.2　故障处置

（1）记录时间，恢复音响。

（2）记录西直门变电站事故情况。

（3）根据信号情况初步判断为西直门变电站 252 电抗器故障跳闸，检查252AVC 已闭锁。

（4）将简要情况上报处内领导，并立即通知检修分公司值班室。

（5）通过视频监视系统检查西直门变电站 252 间隔设备未见明显异常。

（6）检查全信息发现西直门变电站有消防动作信号。

（7）5 分钟后检查视频监视系统发现 252 电抗器冒烟。

（8）汇报市调及管理人员，通知检修分公司值班室。

（9）长椿街运维队人员到现场后应与调控一处联系，调控一处应告知其站内运行方式、事故动作情况和事故先期处理的情况。

（10）事故处理完毕，检修分公司值班室人员上报调控一处，双方核对设备位置、信号。调控处人员应了解事故发生及处理过程。

（11）事故处理后，填写运行日志，记录故障处置情况。

14.4 监视注意事项

（1）电容器、电抗器开关跳闸，要注意检查是否伴发消防动作信号，并通过视频监视系统进行检查，必要时查看视频回放，并多次进行检查。

（2）无功设备投切伴生信号较多，调控人员确认时注意逐条确认，不能有遗漏。

（3）如无功设备投切较为频繁时，注意核实 AVC 或 VQC 策略是否正确，必要时将 AVC 或 VQC 退出运行，并按缺陷流程进行处理。

（4）手动投切无功设备时，注意投切顺序，同一电容器组断开至再次合上时间应大于 5 分钟。

第15章 接地电阻运行

15.1 主要作用及简要工作原理

随着城市电网的不断发展，10kV 线路越来越多的采用电缆线路，在电缆供电的系统中，接地电容电流较大，当电流大于规定值时会产生弧光接地过电压，采用中性点经小电阻接地方式的目的就是给故障点注入阻性电流，使接地故障电流呈阻容性，减少与电压的相位差，降低故障点电流过零熄弧后的重燃率，使过电压限制在规定范围内，提高继电保护的灵敏度作用于跳闸，从而有效保护系统正常运行。

15.2 典型信号及含义（见表 15-1）

表 15-1　　　　　　　　　　典 型 信 号 及 含 义

			信号描述	信号含义
接地变	断路器	1	××接地变压器开关	接地变压器开关位置遥信
	刀闸/手车位置	2	××接地变压器开关手车工作位置	接地变压器小车位置遥信
		3	××接地变压器接地刀闸	接地变压器接地刀闸位置遥信
	SF₆断路器	4	××接地变压器开关 SF₆气压低报警	接地变压器开关 SF₆ 压力降低至报警值，压力继电器动作
		5	××接地变压器开关 SF₆气压低闭锁	接地变压器开关 SF₆ 压力降低至闭锁值，压力继电器动作
	断路器弹簧机构	6	××接地变压器开关弹簧未储能	断路器弹簧未储能，造成断路器不能合闸
	机构异常信号	7	××接地变压器开关间隔其他气室 SF₆气压低报警	接地变压器开关其他间隔气室 SF₆压力降低至报警值，压力继电器动作
		8	××接地变压器开关储能电机故障	接地变压器开关控制电源消失或控制回路故障，造成断路器分合闸操作闭锁
		9	××接地变压器开关加热器故障	接地变压器开关加热器故障
	控制回路状态	10	××接地变压器开关控制回路断线	接地变压器开关控制电源消失或控制回路故障，造成断路器分合闸操作闭锁

			信号描述	信号含义
接地变	接地变本体信号	11	××接地变压器本体温度高报警	接地变压器本体温度超过报警值
		12	××接地变压器本体温控器故障	接地变压器本体温控器故障
	测控保护信号	13	××接地变压器保护出口	接地变压器保护总出口，部分厂站有串口信号
		14	××接地变压器TA异常报警	接地变压器TA异常
		15	××接地变压器测保装置异常	接地变压器测保装置异常
		16	××接地变压器测保装置控制切至就地位置	接地变压器开关手把位置遥信
		17	××接地变压器测保装置通信中断	接地变压器测保通信中断，影响遥测及信号上送

15.3 典型异常事故处置

案例：263单相接地，开关拒动，越级跳203处置

15.3.1 事故现象

（1）监控机报警：喇叭响，太阳宫事故，并推出事故画面。

（2）事故窗信息：太阳宫10kV 6号母线馈线零序保护出口、太阳宫255接地变压器零序保护出口、太阳宫203开关分、太阳宫255开关分。

（3）监控机主接线：太阳宫203、255开关分闸闪动。

（4）监控机遥测值：太阳宫203电流、有功、无功遥测值显示为零，10kV 6号母线所有出线遥测值显示为零，10kV 6号母线电压遥测值显示为零。

15.3.2 处理方法

（1）记录时间，恢复音响。

（2）将太阳宫变电站保护动作情况、开关跳闸情况记入故障情况记录表。

（3）综合以上信息初步判断为太阳宫变电站10kV 6号母线某一出线单相接地，保护动作开关未跳，接地变压器255零序保护动作跳开203开关，203联跳255，10kV 6号母线失压。

（4）按照故障情况记录表内容立即将故障简要情况上报市调、朝调、城调及管理人员，并立即通知检修分公司值班室。

（5）通知检修分公司值班室，由变电站留守人员（含警卫人员）到现场查看故障设备，检查有无着火、冒烟、异味等明显异常情况，朝阳门运维队报现场检查发现263零序Ⅰ段保护动作开关未跳，立即报市调、朝调、城调及管理

人员。

（6）调控中心自行操作：太阳宫变电站试拉牛王庙二 263 开关，开关拉不开。

（7）朝阳门运维队人员到现场后应与调控中心联系，调控中心应告知其站内运行方式、保护动作情况和故障先期处理情况。

（8）朝阳门运维队报市调现场情况：太阳宫变电站检查 255 高压零流动作，263 零流 I 段红灯亮，但 263 开关未跳掉，其他馈线开关均在合闸位置，保护无动作信号，自行手动分开 263 开关，合上接地电阻 255、3 号变压器 203 开关，发出无问题。

（9）故障处理完毕，操作队人员上报调控中心，双方核对设备位置、信号。调控中心人员应了解故障发生及处理过程。

（10）故障处理后，填写运行日志、故障简报。

15.4 监视注意事项

（1）要掌握小电阻接地系统单相接地保护动作过程，当线路发生接地故障时，接地路断路器的零序保护动作跳开本路断路器。

（2）当 10kV 母线发生接地故障时，故障母线所对应的接地电阻断路器的零序保护第一段时限跳开母联断路器，第二段时限跳开 10kV 主断路器，并给母联自投放电，同时主断路器联跳故障母线接地电阻断路器；如接地电阻接于主变压器 10kV 出口时，还应有第三段时限跳开变压器各侧断路器。

（3）接地故障母线处理后，试发母线的步骤如下：

1）退出停用母线主断路器联跳对应接地电阻断路器压板。

2）合上对应接地电阻断路器。

3）合上主断路器。

4）投入主断路器联跳对应接地电阻断路器压板。

（4）10kV 线路故障跳闸，试发线路时，该路零序保护应投入运行。

（5）接地变压器保护动作跳闸，要通过 SCADA 系统、视频监视系统综合分析、判断，注意检查是否伴发消防动作信息，进行远方试送时，注意小电阻压板、主开关、接地变压器开关操作顺序。

（6）小电阻系统不允许失去接地电阻运行，小电阻不允许长时间并列运行。

第16章 消弧线圈运行

16.1 主要作用及简要工作原理

消弧线圈是一个具有铁芯的电感线圈，线圈的电阻很小，电抗很大。铁芯和线圈均浸在变压器油中，外形和单相变压器相似，但其铁芯的构造和变压器不同，消弧线圈的铁芯有很多间隙，间隙中填着绝缘纸板，采用带间隙的铁芯，主要是为了防止磁饱和，这样可以得到一个比较稳定的电抗值。使补偿电流与电压成正比关系，消弧线圈一般安装在变压器中性点上，当电网发生单相接地故障时，提供一电感电流，补偿电网接地电容电流，使接地电流减少，也使得故障相接地电弧两端的恢复电压迅速降低，达到熄灭电弧的作用，当消弧线圈正确调谐时，不仅可以有效减少弧光接地过电压的几率，还可以有效抑制过电压的幅值，同时也最大限度减少了故障点热破坏作用及接地网的电压等。

16.2 典型信号及含义（见表16-1）

表16-1　　　　　　　　　　典型信号及含义

	信号描述	信号含义
消弧装置	××消弧装置直流电源故障报警	消弧装置直流电源故障
	××消弧装置交流电源故障报警	消弧装置交流电源故障
	××消弧装置容量不适报警	消弧线圈补偿电感电流与电网电容电流不适应
	××消弧装置异常报警	消弧装置异常
	××消弧装置综合故障报警	消弧装置综合故障
	××消弧装置自动/手动控制	消弧装置自动调谐控制手把位置遥信
	××消弧装置与监控系统通信中断报警	消弧装置与监控系统通信中断，影响信号上送

16.3 典型异常事故处置

案例：怀柔变电站10kV 4号母线单相接地。

16.3.1 调控中心现象

（1）监控机报警：铃响、怀柔动作。

（2）事项窗信息：怀柔变电站 10kV 4 号母线接地报警。

（3）监控机主接线：无变化。

（4）监控机遥测值：怀柔 10kV 4 号母线 U_a=0kV、U_b=10.3kV、U_c=10.3kV、U_{ab}=10.3kV、U_{bc}=10.3kV、U_{ca}=10.3kV；U_0=100V。

16.3.2 处理方法

（1）记录时间，恢复音响。

（2）综合以上信息判断为怀柔变电站 10kV 4 号母线或所代出线接地。

（3）立即将缺陷及异常简要情况上报市调、怀调及管理人员，并立即通知检修公司值班室。

（4）监控人员通过工业电视远方监视查看故障相关设备，检查有无着火、冒烟等明显异常情况，未发现异常，立即报市调、怀调及管理人员。

（5）调控中心接怀调令：怀柔变电站试停怀房 218、怀年 220、城东 221 开关，当操作到拉开怀年 220 开关后，接地现象消失，由此判断为怀年 220 线路接地，合上怀年 220 开关，将此情况报怀调及检修公司值班室。

（6）高丽营运维队到现场与检修公司值班室联系，检修公司值班室应告知其站内运行方式、缺陷及异常简要情况。

（7）高丽营运维队接怀调令：怀柔变电站拉开怀年 220 开关，将怀年 220 开关小车拉出，合上怀年 220-7 刀闸。

（8）缺陷及异常处理完毕，检修公司值班室人员上报调控中心，双方核对设备位置、信号。调控中心人员应了解缺陷及异常发生及处理过程。

（9）缺陷及异常处理后，填写运行日志、缺陷及异常情况记录表。

16.4 监视注意事项

（1）消弧线圈接地系统发生单相接地时，注意检查相电压、线电压及零序电压、消弧线圈电压、电流，通过视频监视系统检查消弧线圈是否有异常，注意检查 SCADA 系统是否伴发消防动作信号。

（2）高压侧中性点经消弧线圈（或高电阻）接地允许运行时间为 2h，因此发生单相接地故障后要快速进行处置。

（3）在正常情况下，消弧线圈系统中性点的位移电压不得超过相电压的15%。

（4）多台主变压器共用一组消弧线圈，在改变运行方式时，变压器中性点不允许并列，应先拉、后合。

（5）消弧线圈调整分接开关应按下列顺序进行操作：

1）过补偿系统：电容电流增加时应先改分接位置，电容电流减少时应后改分接开关。

2）欠补偿系统：电容电流增加时应后改分接开关，电容电流减少时应先改分接开关。

第17章 站用变压器运行

17.1 主要作用及简要工作原理

变电站作为输变电系统中变电的一个重要环节，在电网中有着举足轻重的作用，在偌大的变电站中，似乎变电站站用变压器和电网没有直接联系，失去站用变压器对电网的影响不是很大。但是从另一个角度不难看出，站用变压器对于整个电网来说是不可或缺的。

首先，站用变压器提供变电站的生活用电，没有站用变压器，值班人员的生活没有保障；其次，站用变压器为变电站的设备提供二次电源及交流电，同时也为直流系统充电等。

17.2 典型信号及含义（见表17-1）

表17-1 典型信号及含义

			信号描述	信号含义
站用变压器	断路器	1	××站用变压器开关	站用变压器开关位置遥信
	刀闸位置	2	××站用变压器开关手车工作位置	站用变压器小车位置遥信
		3	××站用变压器接地刀闸	站用变压器地刀位置遥信
	SF$_6$断路器	4	××站用变压器开关SF$_6$气压低报警	站用变压器开关SF$_6$压力降低至报警值，压力继电器动作
		5	××站用变压器开关SF$_6$气压低闭锁	站用变压器开关SF$_6$压力降低至闭锁值，压力继电器动作
	弹簧机构	6	××站用变压器开关弹簧未储能	断路器弹簧未储能，造成断路器不能合闸
	机构异常信号	7	××站用变压器开关间隔其他气室SF$_6$气压低报警	站用变压器开关其他间隔气室SF$_6$压力降低至报警值，压力继电器动作
		8	××站用变压器开关储能电机故障	站用变压器开关控制电源消失或控制回路故障，造成断路器分合闸操作闭锁
		9	××站用变压器开关加热器故障	站用变压器开关加热器故障
	控制回路	10	××站用变压器开关控制回路断线	站用变压器开关控制电源消失或控制回路故障，造成断路器分合闸操作闭锁

信号描述			信号含义
站用 变压器	本体 信号	11	××站用变压器本体温度高报警	站用变压器本体温度超过报警值
		12	××站用变压器本体温控器故障	站用变压器本体温控器故障
	测控 保护 信号	13	××站用变压器保护出口	站用变压器保护总出口，部分厂站 有串口信号
		14	××站用变压器TA异常报警	站用变压器TA异常
		15	××站用变压器测保装置异常	站用变压器测保装置异常
		16	××站用变压器测保装置控制切至 就地位置	站用变压器开关手把位置遥信
		17	××站用变压器测保装置通信中断	站用变压器测保通信中断，影响遥 测及信号上送

17.3 典型异常事故处置

案例：东单变电站站用变压器全停。

17.3.1 调控中心现象

（1）监控机报警：铃响、东单变电站动作。

（2）事项窗信息："东单变电站1号直流系统综合故障报警""东单变电站1号直流监控器故障报警""东单变电站2号直流系统综合故障报警""东单变电站2号直流监控器故障报警""东单变电站1号充电装置故障报警""东单变电站1号充电装置交流失电报警""东单变电站2号充电装置故障报警""东单变电站2号充电装置交流失电报警""东单变电站1号站用变压器电源故障报警""东单变电站2号站用变压器电源故障报警"动作。

（3）监控机主接线：无变化。

（4）监控机遥测值：东单变电站Ⅰ段充电机输出电流、东单变电站Ⅱ段充电机输出电流、东单变电站1号站用变压器A相电流、东单变电站1号站用变压器B相电流、东单变电站1号站用变压器C相电流、东单变电站2号站用变压器A相电流、东单变电站2号站用变压器B相电流、东单变电站2号站用变压器C相电流回零；东单变电站1号站用变压器A相电压、东单变电站1号站用变压器B相电压、东单变电站1号站用变压器C相电压、东单变电站1号站用变压器BC相电压、东单变电站1号站用变压器AC相电压、东单变电站1号站用变压器AB相电压、东单变电站2号站用变压器A相电压、东单变电站2号站用变压器B相电压、东单变电站2号站用变压器C相电压、东单变电站

2 号站用变压器 BC 相电压、东单变电站 2 号站用变压器 AC 相电压、东单变电站 2 号站用变压器 AB 相电压显示回零。

17.3.2 处理方法

（1）记录时间，恢复音响。

（2）综合以上信息判断为东单变电站站内二次全停并引起直流系统交流电源全停。

（3）立即将缺陷及异常简要情况上报管理人员，并立即通知检修公司值班室。

（4）监控人员通过工业电视远方监视查看故障相关设备，检查有无着火、冒烟等明显异常情况，未发现异常，立即报管理人员。

（5）东单运维队到现场与检修公司值班室联系，检修公司值班室应告知其站内运行方式、缺陷及异常简要情况。

（6）检修分公司值班室报现场检查东单变电站站内二次系统、直流系统交流电源情况，发现站内 1 号站内、2 号站内二次空开跳闸，直流系统因所内失压造成交流电源失电，运维人员试送 1 号站内二次空开，空开无法合上，试送 2 号站内二次空开无问题 2 号站内电源恢复正常，站内人员合上站内二次联络开关，将 1 号站内负荷带出。

（7）缺陷及异常处理完毕，检修公司值班室人员上报调控中心，双方核对设备位置、信号。调控中心人员应了解缺陷异常发生及处理过程。

（8）缺陷及异常处理后，填写运行日志、缺陷及异常情况记录表。

17.4 监视注意事项

（1）站用变压器保护动作跳闸，要通过 SCADA 系统、视频监视系统综合判断，注意检查是否伴发消防动作信号，必要时可使用录像回放。

（2）两组站用变压器倒电源时应先拉后合，防止站用变压器在 0.4kV 侧并列。

（3）应注意监视 0.4kV 电压在合格范围内。

第18章 直流系统运行

18.1 主要作用及简要工作原理

变电站直流系统一般由蓄电池、充电装置、直流回路和直流负载组成，四部分相辅相成，形成一个不可分割的整体，变电站内常见的蓄电池有防酸式蓄电池和阀控密封铅酸蓄电池，变电站直流系统为站内的控制、信号、继电保护及自动装置、事故照明提供可靠的电源，同时还为某些断路器的操动机构、五防锁具提供电源，直流电源的质量直接关系到上述装置能否可靠运行。假设变电站失去了直流电源，则站内全部的控制、信号、保护及自动装置将全部失灵，变电站将处于失控状态。

18.2 典型信号及含义（见表18-1）

表 18-1   典 型 信 号 及 含 义

	信号描述	信号含义
直流系统	×号充电装置故障报警	直流充电装置软硬件自检、巡检发生错误
	×号直流母线电压异常报警	直流母线电压异常
	×号直流母线接地报警	当直流系统发生接地故障或绝缘水平低于设定值时，由直流绝缘监测装置发出该信号
	×号充电装置交流失电报警	充电装置失去交流
	×号直流监控器故障	直流监控器软硬件自检、巡检发生错误
	×号直流接地巡检装置故障	直流接地巡检装置软硬件自检、巡检发生错误
	×号直流充电机均充/浮充状态	充电机充电状态遥信
	×号直流系统与监控系统通信中断报警	直流系统通信中断，影响直流遥信及遥测上送
	×号直流系统综合故障报警	直流系统相关设备发生故障
逆变电源	逆变电源直流输入异常报警	逆变电源直流输入异常
	逆变电源交流输入异常报警	逆变电源交流输入异常
	逆变电源装置异常报警	逆变电源装置软硬件自检、巡检发生错误
	逆变电源旁路运行报警	逆变电源旁路运行状态遥信

18.3 典型异常事故处置

案例：东单变电站站用变压器全停。

18.3.1 调控中心现象

（1）监控机报警：铃响、东单站动作。

（2）事项窗信息："东单站 1 号直流系统综合故障报警""东单站 1 号直流监控器故障报警""东单站 2 号直流系统综合故障报警""东单站 2 号直流监控器故障报警""东单站 1 号充电装置故障报警""东单站 1 号充电装置交流失电报警""东单站 2 号充电装置故障报警""东单站 2 号充电装置交流失电报警"动作。

（3）监控机主接线：无变化。

（4）监控机遥测值：东单站 I 段充电机输出电流、东单站 II 段充电机输出电流回零。

18.3.2 处理方法

（1）记录时间，恢复音响。

（2）综合以上信息判断为东单站直流系统交流电源全停。

（3）立即将缺陷及异常简要情况上报管理人员，并立即通知检修公司值班室。

（4）监控人员通过工业电视远方监视查看故障相关设备，检查有无着火、冒烟等明显异常情况，未发现异常，立即报管理人员。

（5）东单运维队到现场与检修公司值班室联系，检修公司值班室应告知其站内运行方式，缺陷及异常简要情况。

（6）检修分公司值班室报现场检查东单站直流系统交流电源情况，发现直流系统 1 号交流电源缺相，电源有断保险的情况；2 号交流电源进线交流接触器烧坏。运维人员更换直流系统 1 号交流电源保险后，试送 1 号交流电源及 1 号充电机无问题，现场将 2 号直流负荷倒 1 号直流带。

（7）缺陷及异常处理完毕，检修公司值班室人员上报调控中心，双方核对设备位置、信号。调控中心人员应了解缺陷及异常发生及处理过程。

（8）缺陷及异常处理后，填写运行日志、缺陷及异常情况记录表。

18.4 监视注意事项

（1）直流接地直接威胁变电站的运行安全，直流接地可能造成保护装置的误动、拒动，因此在监视中要特别注意。

（2）站用电系统电源停电，无法及时恢复，可能造成需要直流系统蓄电池供电超过 2h 者，应申请发电车恢复站用电系统。

（3）直流系统遥测应在规定范围内。

第19章 智能变电站运行

19.1 与常规变电站主要区别

智能变电站的定义：采用先进、可靠、集成、低碳、环保的智能设备，以全站信息数字化、通信平台网络化、信息共享标准化为基本要求，自动完成信息采集、测量、控制、保护、计量和监测等基本功能，并可根据需要支持电网实时自动控制、智能调节、在线分析决策、协同互动等高级功能的变电站。

19.2 主要元件作用

合并单元（Merging Unit，MU）是对一次互感器传输过来的电气量进行合并和同步处理，并将处理后的数字信号按照特定格式转发给间隔层设备使用的装置。

智能终端（Smart Terminal）与一次设备采用电缆连接，与保护、测控等二次设备采用光纤连接，实现对一次设备（如断路器、刀闸、主变压器等）的测量、控制等功能的装置。

智能变电站与传统变电站的一个重要区别就是在过程层增加了合并单元及智能终端等设备，实现了一次设备智能化，其网络结构如图 19-1 和图 19-2 所示。合并单元作为 TA/TV 电流电压量的采集设备，是全站保护、测量等功能实现的基础，智能终端既是开关、刀闸、变压器等一次设备的信号采集设备，同时也是保护动作、控制的执行设备。

19.3 厂站自动化配置

以 220kV 左安门变电站为例，如图 19-3 所示。

19.4 典型信号及含义

以 220kV 左安门变电站为例，见表 19-1。

19.5 典型异常事故处置

案例：海青落变电站 113 合智一体装置异常。

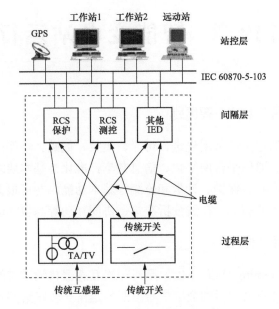

图 19-1　传统变电站结构图

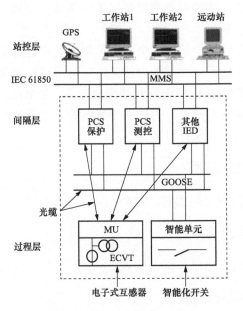

图 19-2　数字化变电站结构图

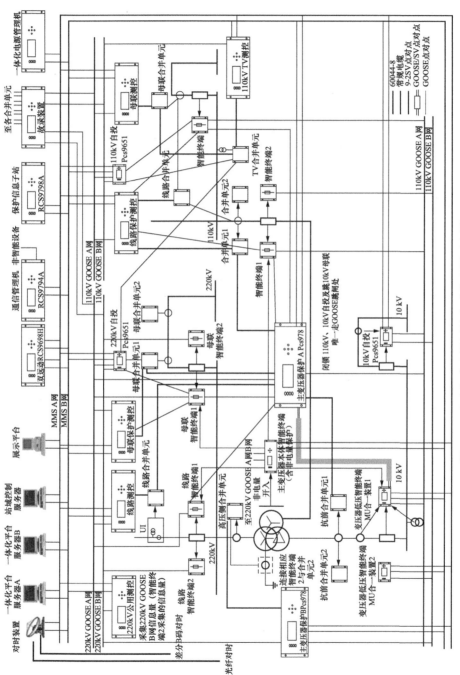

图19-3 左安门变电站厂站自动化配置示意图

91

表 19-1　　　　　　　　　　220kV 左安门变电站典型信号及含义

序号	信号描述	信号解释	影响范围
1	2211 合并单元装置异常报警（2211、2212、2213 同理）	装置本身有问题，装置失电，对时异常或者合并单元置检修压板投入等	影响变压器 A 套保护采样，220kV 备自投装置，故录采样，2211 遥测，220kV 4 号母线电压遥测采样，电能表
2	2211 智能终端 A 装置异常报警（2211、2212、2213 同理）	装置本身有问题，装置失电，信号回路电源消失，对时异常，GOOSE 输入输出异常，或者开关控制回路断线等	影响 2211 机构信号采集，变压器 A 套保护跳闸，220kV 自投保护，远方操作 2211 开关、刀闸分合闸
3	2211 智能终端 B 装置异常报警（2211、2212、2213 同理）	装置本身有问题，装置失电，信号回路电源消失，对时异常，GOOSE 输入输出异常，或者开关控制回路断线等	影响变压器 B 套保护跳闸，220kV 自投保护
4	2245 智能终端 A 装置异常报警（2245、2256 同理）	装置本身有问题，装置失电，信号回路电源消失，对时异常，GOOSE 输入输出异常，或者开关控制回路断线等	影响 2245 机构信号采集，1 号变压器 A 套保护跳闸，2 号变压器 A 套保护跳闸，220kV 自投保护，远方操作 2245 开关、刀闸分合闸
5	2245 智能终端 B 装置异常报警（2245、2256 同理）	装置本身有问题，装置失电，信号回路电源消失，对时异常，GOOSE 输入输出异常，或者开关控制回路断线等	影响 1 号变压器 B 套保护跳闸，2 号变压器 B 套保护跳闸
6	2245 合并单元 A 装置异常报警（2245、2256 同理）	装置本身有问题，装置失电，对时异常或者合并单元置检修压板投入等	影响 1 号变压器 A 套保护采样，2245 电流遥测采样
7	2245 合并单元 B 装置异常报警（2245、2256 同理）	装置本身有问题，装置失电，对时异常或者合并单元置检修压板投入等	影响 2 号变压器 A 套保护采样
8	1 号变压器电抗器合并单元 A 装置异常报警（1 号、2 号、3 号变压器同理）	装置本身有问题，装置失电，对时异常或者合并单元置检修压板投入等	影响 1 号变压器 A 套保护采样（包括高压侧间隙电流、中压侧零序电流、电抗器前 TA 电流），故障录波器
9	1 号变压器电抗器合并单元 B 装置异常报警（1 号、2 号、3 号变压器同理）	装置本身有问题，装置失电，对时异常或者合并单元置检修压板投入等	影响变压器 B 套保护采样
10	1 号变压器本体智能装置异常报警（1 号、2 号、3 号变压器同理）	装置本身有问题，装置失电，信号回路电源消失，GOOSE 输入输出异常等	影响 1 号变压器本体信号采集，1 号变压器非电量保护跳闸，闭锁自投，远方操作 2201-4、2201-7、220kV 4-7、27-1、7-1 刀闸分合及远方调节变压器分接头

续表

序号	信号描述	信号解释	影响范围
11	1号变压器高压侧套管合并单元装置异常报警（1号、2号、3号变压器同理）	装置本身有问题，装置失电，对时异常或者合并单元置检修压板投入等	影响1号变压器B套保护采样，主变压器高压侧套管电流遥测
12	145合并单元装置异常报警	装置本身有问题，装置失电，对时异常或者合并单元置检修压板投入等	影响110kV自投保护采样，145电流遥测，故障录波器，电能表
13	145智能终端装置异常报警	装置本身有问题，装置失电，信号回路电源消失，对时异常，GOOSE输入输出异常，或者开关控制回路断线等	影响145开关机构信号采集、1、2号变压器保护跳145、110kV自投保护合、跳145，110kV线路保护跳145，远方分合145开关、刀闸
14	111线路合并单元装置异常报警（111、112、113同理）	装置本身有问题，装置失电，对时异常或者合并单元置检修压板投入等	影响110kV线路保护采样，111线路电流遥测，故障录波器，电能表
15	110kV 4号母线合并单元装置异常报警（110kV 4号母线，110kV 5号母线，110kV 6号母线）	装置本身有问题，装置失电，对时异常或者合并单元置检修压板投入等	影响220kV自投保护采样，110kV自投保护采样，故障录波器，145合并单元，闭锁VQC
16	101智能终端A装置异常报警（101、102、103同理）	装置本身有问题，装置失电，信号回路电源消失，对时异常，GOOSE输入输出异常，或者开关控制回路断线等	影响101开关机构信号采集，110kV线路保护跳101，1号变压器A套保护跳闸，远方分合101开关、刀闸
17	101智能终端B装置异常报警（101、102、103同理）	装置本身有问题，装置失电，信号回路电源消失，GOOSE输入输出异常，或者开关控制回路断线等	影响1号变压器B套保护跳闸
18	101合并单元A装置异常报警（101、102、103同理）	装置本身有问题，装置失电，对时异常或者合并单元置检修压板投入等	影响1号变压器A套保护采样，101电流遥测，故障录波器，电能表
19	101合并单元B装置异常报警（101、102、103同理）	装置本身有问题，装置失电，对时异常或者合并单元置检修压板投入等	影响1号变压器B套保护采样
20	201智能装置A装置异常报警（202、203同理）	装置本身有问题，装置失电，信号回路电源消失，GOOSE输入输出异常，或者开关控制回路断线等	影响1号变压器A套保护采样，A套保护跳闸，远方操作201开关，电能表采样
21	201智能装置B装置异常报警（202、203同理）	装置本身有问题，装置失电，信号回路电源消失，GOOSE输入输出异常	影响1号变压器B套保护采样，B套保护跳闸
22	10kV 4号母线TV测控装置异常报警	装置本身有问题，装置失电	影响监控系统对10kV 4号母线电压采样，闭锁VQC

19.5.1　调控中心现象

（1）监控机报警：铃响、海青落站动作。

（2）事项窗信息：海青落站上送 113 合智一体装置异常报警。

（3）监控机主接线：无变化。

（4）监控机遥测值：无变化。

19.5.2　处理方法

（1）记录时间，恢复音响。

（2）综合以上信息判断为海青落站 113 合智一体装置软硬件故障或自检出错。

（3）立即将缺陷及异常简要情况上报管理人员，并立即通知检修公司值班室。

（4）监控人员通过工业电视远方监视查看故障相关设备，检查有无着火、冒烟等明显异常情况，未发现异常，立即报管理人员。

（5）×××运维队到现场与检修公司值班室联系，检修公司值班室应告知其站内运行方式、缺陷及异常简要情况。

（6）检修分公司值班室报现场检查海青落站 113 间隔合智装置运行灯灭，信号与调控中心一致，通知其 113 间隔信号改由现场监视。

（7）缺陷及异常处理完毕，检修公司值班室人员上报调控中心，双方核对设备位置、信号。调控中心人员应了解缺陷及异常发生及处理过程。

（8）缺陷及异常处理后，填写运行日志、缺陷及异常情况记录表。

19.6　监视注意事项

（1）调控值班人员应掌握智能变电站与常规变电站的区别，掌握智能变电站主要设备异常影响。

（2）智能变电站软压板数量较多，因此需要掌握软压板操作方法，核对信号时注意同步核对软压板状态。

第20章 公共信息监视

20.1 典型信号及含义（见表20-1）

表 20-1 典型信号及含义

		信号描述	信号含义
公用设备	公共信号	事故总信号	事故信号，一般用于推事故画面用，保护出口与开关变位合成事故总信号
	故录信号	×××故障录波器装置异常报警	故障录波装置软硬件自检、巡检发生错误
		×××故障录波器装置启动	故障录波装置启动，一般电网有波动即启动
	保护管理机	×××保护管理机装置异常报警	保护管理机装置软硬件自检、巡检发生错误
		×××保护管理机与监控系统通信中断报警	保护管理机通信中断，影响保护串口信号上送
	保护信息	保护信息管理系统装置异常报警	保护信息管理系统装置软硬件自检、巡检发生错误
	同期装置	×××检同期投入	检同期位置遥信，一般发电厂、枢纽变电站220kV 母联、分段、110kV 母联为同期点
	智能辅助控制系统	智能辅助控制系统与监控系统通信中断报警	智能辅助控制系统通信中断，影响信号上送
		智能辅助控制系统装置异常报警	智能辅助控制系统装置软硬件自检、巡检发生错误
	溢水报警	溢水监控装置动作报警	溢水监控装置动作
		溢水监控装置异常报警	溢水监控装置软硬件自检、巡检发生错误
	SF$_6$ 及含氧量	×××开关室 SF$_6$ 及含氧量监测装置动作报警	一般 GIS 室 SF$_6$ 及含氧量达到报警值时动作
		×××开关室 SF$_6$ 及含氧量监测装置异常报警	开关室 SF$_6$ 及含氧量监测装置软硬件自检、巡检发生错误
	五防装置	五防系统与监控系统通信中断报警	五防系统通信中断，影响五防虚拟位置信号上送
消防、技防	消防系统	变电站火灾报警	变电站发生火灾
		变电站火灾自动报警系统故障报警	变电站火灾报警系统发生故障
	主变压器消防	主变压器火灾报警	主变压器发生火灾
		主变压器自动灭火系统故障报警	主变压器自动灭火系统发生故障
	技防系统	变电站周界报警	变电站有非法入侵
		变电站周界报警系统故障报警	变电站周界报警系统发生故障

95

20.2 典型异常事故处置

案例：2013 年西直门变电站电抗器 252 着火。

20.2.1 异常现象

（1）监控机报警：铃响，喇叭响，西直门站事故。

（2）报警窗信息：西直门 252 电抗器保护出口（RCS9621）、西直门 252 开关分。

（3）检修值班室监视信息：西直门站发生火灾报警动作。

（4）监控机主接线：西直门 252 开关分闸位置闪动。

（5）监控机遥测：西直门站 252 遥测值为零。

20.2.2 异常处置

（1）记录时间，恢复音响。

（2）记录西直门站事故情况。

（3）根据信号情况初步判断为西直门站 252 电抗器故障跳闸，检查 252AVC 已闭锁。

（4）将简要情况上报处内领导，并立即通知检修分公司值班室。

（5）通过视频监视系统检查西直门站 252 间隔设备未见明显异常。

（6）检查全信息发现西直门站有消防动作信号。

（7）5 分钟后检查视频监视系统发现 252 电抗器冒烟。

（8）汇报市调及管理，通知检修分公司值班室。

（9）长椿街运维队人员到现场后应与调控一处联系，调控一处应告知其站内运行方式、事故动作情况和事故先期处理的情况。

（10）事故处理完毕，检修分公司值班室人员上报调控一处，双方核对设备位置、信号。调控一处人员应了解事故发生及处理过程。

（11）事故处理后，填写运行日志、故障处置情况记录。

20.3 监视注意事项

（1）消技防类信号由于误动率较高，调控人员容易形成麻痹思想，因此需要特别注意，不管由于何种原因信号动作均应按流程进行处理。

（2）由于消防信号比较重要，因此所有消防动作信号均设置为事故信号，发信号后均应按照事故流程处理。

（3）遇有站内重启远动、保护管理机等工作可能造成误上信号或影响远方监视时应将监控职责转移至现场，工作完毕注意核对，并在日志内做好记录。

第 21 章　AVC 和 VQC　运　行

21.1　主要作用及简要工作原理

21.1.1　十七区主要策略

区号	电压	无功	第一方案	第二方案
1	越上限	越下限	切电容器	降分接头
2	越上限	正常偏小	切电容器	降分接头
3	越上限	正常	降分接头	切电容器
4	越上限	正常偏大	降分接头	切电容器
5	越上限	越上限	降分接头	切电容器
6	正常偏大	越下限	切电容器	
7	正常偏大	越上限	降分接头	
8	正常	越下限	切电容器	升分接头
9	正常	正常		
10	正常	越上限	投电容器	
11	正常偏小	越下限	升分接头	
12	正常偏小	越上限	投电容器	
13	越下限	越下限	升分接头	投电容器
14	越下限	正常偏小	升分接头	投电容器
15	越下限	正常	升分接头	投电容器
16	越下限	正常偏大	投电容器	升分接头
17	越下限	越上限	投电容器	升分接头

21.1.2　AVC 主要工作原理

AVC 是以变压器高（中）压侧的无功和低压侧电压为监控参数，以变压器挡位和电容器投切为手段来实现系统运行稳定经济的模块。它是基于 D5000 平台，调用 SCADA 的控制和报警接口，能够顺利的实现对变压器的调挡和电容器开关投切的控制，并能够满足用户对于 AVC 事件的报警功能。AVC 的算法包含主程序调用功能、控制功能和主算法功能。主程序调用功能完成对主算法和控制功能的定时调用功能。控制功能部分主要完成 SCADA 的控制接口，形成对变压器调挡和电容器投切的有效控制。主算法部分是主要的程序部分，其包含主策略形成功能、数据库同步功能、刷新 SCADA 量测功能、报警功能和灵敏度分析功能等。主策略形成是对电力系统形成控制策略的过程；数据库同步功能完成关系库和内存库的同步，能及时将关系库的变动传播到内存库，使其保持一致。刷新 SCADA 量测能完成对 SCADA 遥信遥测的刷新，屏蔽 SCADA 死数，使 AVC 能够对实时系统进行及时准确的控制。报警功能调用 SCADA 的报警接口，能够对 AVC 的一些事件进行有效报警，并在 SCADA 报警界面中显示出来。灵敏度分析是为了实现控制更精确的进行，计算出有功、无功和网损的灵敏度。AVC 的控制可以对系统、区域、厂站、厂站变压器、厂站电容器设定其是否闭锁，而对系统、区域、厂站可以设定其控制方式为仅仅监视、开环或者是闭环，这样就具有很大的灵活性和可控性，能够满足用户的需求。

下面主要对 AVC 策略部分的形成进行一些说明（见图 21-1）。数据服务即数据库输入的同步数据，进行数据处理后，进入网络拓扑。网络拓扑完成对整个厂站设备之间的网络连接状况的确定，并调用 PAS 部分的 NTP 接口以确定变压器所属动态区域，厂站连接关系判断确定变压器和电容器的连接状况、变压器并列、电容器所关联的母线和变压器所关联母线等情况。越限判断是对该监控点进行判断，在获得 3 次同向越限判断后才确定其为越限。零漂判断是对厂站内无功小于特定值或者功率因数大于 0.99 的情况下，认定其 Q 为零漂值（此时电容器许切不许投）。获得监控点是确定该变压器监控点所属 17 区那个位置，且确定其监控母线为中/低那个母线。在仅仅调节电容器、仅仅调节变压器和两设备都调节的情况下详细的控制策略见《AVC 技术手册》AVQC 调节原理。

核心控制策略的一些说明：

（1）在形成控制策略时，首先对所有区域内的变压器进行电压等级排序，处理电压等级最高的变压器监控点，若这些变压器形成控制策略，形成策略变压器所属区域其他设备将不参与此次的控制策略形成。

（2）先对区域内厂站进行处理，然后对不属于任何区域的厂站进行独立厂站调节的处理。

（3）三绕组变压器监控点中，如果中低母线电压同时越限且其越限不同向，则不进行调节。

（4）如果变压器升降档位造成中压侧的越限，则不进行调节。

（5）对并列变压器形成控制策略后，在调节之前，不重新生成控制策略，且优先处理并列变压器情况，当一个变压器调档后，另一个变压器则接着进行调档；如果第二个变压器调节出现调节拒动，不仅产生拒动报警，而且对第一个变压器进行回调。

（6）在一个厂站内，不允许出现电容器电抗器同时运行的情况。

（7）监控点运行于零漂位置，电容器不允许投入。

AVC 控制策略流程如图 21-1 所示。

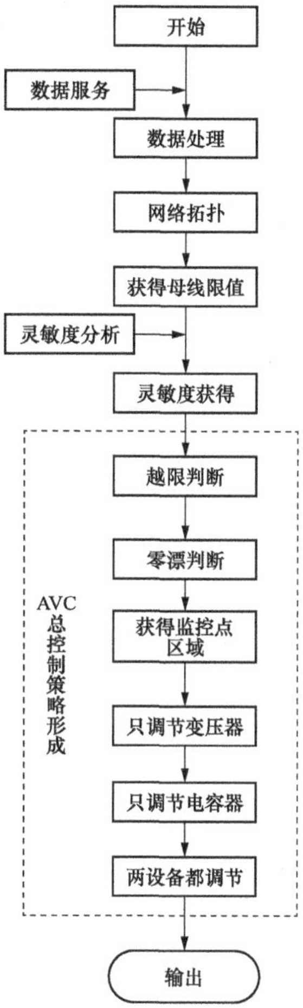

21.2　典型信息及含义

21.2.1　站量测数据异常、闭锁（自动复归）

调控报警原因：

（1）分头无实时量测。

（2）母联开关、主变压器开关、电容/电抗器开关无量测。

（3）电容电抗器无遥信点。

（4）主变压器分接头无遥测点。

运维处理方法：重启 cimrtdb 进程。

调控处理方法：上报运维、系统处、管理处，填写缺陷。

21.2.2　站遥测或遥信数据不对应、闭锁（自动复归）

运维处理方法：如 D5000 核对一致，则 AVC 系统重启 cimrtdb 进程。

调控处理方法：与 D5000 系统进行核对，并按缺陷处理流程处理。

图 21-1　AVC 控制策略流程

21.2.3　AVC 系统实时数据异常，所有变电站控制被闭锁（自动复归）

（1）测映射异常。

运维处理方法：重启 cimrtdb 进程。

（2）实时数据停止刷新。

运维处理方法：查看 AVC 系统所有进程是否存在，再重启 scdfe 进程，并查看实时数据进程是否正常运行。

调控处理方法：退出系统 AVC、按缺陷处理流程处理。

21.2.4 站 2 次控制失败/保护动作/状态突变/分头滑档/分头档位异步、闭锁（人工复归）

（1）电容电抗器或分接头 2 次控制失败闭锁；

（2）电容电抗器或分接头保护闭锁；

（3）电容电抗器或分接头状态突变闭锁；

（4）主变压器分接头滑档闭锁。

调控处理方法：按缺陷流程处理，待具体问题处理完毕后，网控人员才能进行人工信号复归。（站内需要检修时退出相应间隔 AVC）

21.2.5 缓冲区满，控制命令丢失

运维处理方法：运维重启 dvccmdsrv 进程，并找厂家查明原因。

调控处理方法：退出系统 AVC、报运维、方式、管理处，填写缺陷。

21.2.6 控制命令下发进程与东方监控系统失去联系

运维处理方法：运维重启 dvccmdsrv 进程，并查看东方发送控制指令进程是否正常运行。

调控处理方法：退出系统 AVC，报运维、方式、管理处，填写缺陷。

21.3 典型异常处置

案例：安慧电容器 214 遥测或遥信不对应。

21.3.1 异常现象

（1）监控机报警：铃响，安慧变电站动作。

（2）报警窗信息：安慧 214 遥测或遥信不对应报警。

（3）监控机主接线：安慧 214 开关在合闸位置。

（4）监控机遥测：安慧 214 电容器遥测值为零。

21.3.2 异常处置

（1）记录时间，恢复音响。

（2）记录安慧变电站异常情况。

（3）根据信号情况初步判断为安慧 214 电容器开关位置遥信上送慢。

（4）检查 D5000 安慧变电站 214 电容器开关在合位，遥测值为零，检查 AVC 控制策略恰好 AVC 控分安慧变电站电容器 214。

（5）将异常简要情况通知检修分公司值班室。

（6）通过视频监视系统检查安慧电容器 214 间隔设备未见明显异常。

（7）运维队人员到现场后应与调控中心联系，调控中心应告知其站内运行方式、异常动作情况和异常先期处理的情况。

（8）异常处理完毕，检修分公司值班室人员上报调控中心，双方核对设备位置、信号。调控中心人员应了解异常发生及处理过程。

（9）异常处理后，填写运行日志和缺陷记录。

21.4　监视注意事项

（1）调控处人员应熟悉 AVC 系统异常的处置方法，发现异常及时按要求汇报，并按缺陷流程进行处理。

（2）10kV TV 断熔断器会造成线电压不平衡，因此需将该站 AVC 退出运行。

（3）正常情况下电容器、电抗器、主变压器分接头必须按要求投入闭环，退出运行需有停电计划票，紧急情况下可按要求退出运行。

第22章 防误系统运行

22.1 防误系统主要作用

五防系统的具体内容为:

（1）防止误分合断路器;

（2）防止带负荷分合隔离开关;

（3）防止带电挂地线、合接地刀闸;

（4）防止带接地线、接地刀闸合断路器、隔离开关;

（5）防止误入带电间隔。

22.2 防误系统主要闭锁逻辑

22.2.1 开关主要闭锁逻辑

（1）操作防误系统模型中不存在的开关时闭锁。

（2）操作未对应遥信的开关时闭锁。

（3）开关处于合位时，合开关将闭锁。

（4）开关处于分位时，拉开关将闭锁。

（5）如果开关设置了操作间隔时间，在操作间隔时间内，不允许进行第二次操作。

（6）主变压器开关与中性点地刀的操作配合。

（7）接地电阻开关操作原则。

（8）电网合环提醒。

（9）电网解环提醒。

（10）电网解列提醒。

（11）电网并列提醒。

（12）变压器反充电提醒。

（13）设备停电提醒。

（14）电磁环网提醒。

（15）禁止带地刀或地线合开关。

（16）开关 3/2 接线合中开关时，应先合入边开关。

（17）开关 3/2 接线拉边开关时，应先拉开中开关。

22.2.2　刀闸主要闭锁逻辑

（1）操作防误系统中不存在的刀闸时闭锁。

（2）操作未对应遥信的刀闸时闭锁。

（3）刀闸处于合位时，合刀闸将闭锁。

（4）刀闸处于分位时，拉刀闸将闭锁。

（5）禁止带地刀合闸。

（6）刀闸未被隔离时，如果其相连的开关在合位，且此开关间隔不带电，拉合此刀闸时，将提示所连开关在合位，请确认此操作。（热倒除外）

（7）等值负荷送电时，应先合上母线侧刀闸，再合上负荷侧刀闸。

（8）等值负荷停电时，应先拉开负荷侧刀闸，再拉开母线侧刀闸，禁止带负荷拉合刀闸。

（9）旁路刀闸操作原则。

22.2.3　地刀主要闭锁逻辑

（1）操作防误系统中不存在的地刀时闭锁。

（2）操作未对应遥信的地刀时闭锁。

（3）地刀处于合位时，合地刀将闭锁。

（4）地刀处于分位时，拉地刀将闭锁。

（5）禁止带电合地刀。

22.3　日常检查主要内容

（1）调控人员应每日检查防误系统运行情况，应确保调控防误系统图形、数据、设备状态与监控系统、现场设备状态保持一致，各项功能应用正常，调控防误系统主机连接打印机状态正常，发现问题应做好记录并在 24h 内处理完毕。在监控系统设备置位等非正常操作后，应确保调控防误系统上设备状态与现场设备位置一致。

（2）各单位应根据实际情况，每年安排不少于两次针对调控防误系统的定期检查和维护，主要包含以下内容：

1）全面检查调控防误系统一次设备主接线图与现场实际接线方式一致，所有一次设备状态与现场设备状态一致，遥测数据正确；

2）全面检查调控防误系统闭锁关系是否正确（通过模拟界面进行模拟试验，通过图形或智能开票进行防误校验）；

3）全面检查调控防误系统拟票、模拟、传动等各项功能正常，检查调控防误系统时间正常，调控防误系统与调度管理系统（OMS）操作票数据传输正常；

4）检查调控防误系统解锁密码存放正常、无丢失，检查解锁密码正确、有效。

（3）调控防误系统存在缺陷应按照危急缺陷处理，24 小时内处理完毕，因变电站设备缺陷、监控系统功能或数据异常等原因影响调控防误系统使用时，也应按照危急缺陷 24 小时内处理完毕。

22.4　使用注意事项

（1）监控值班员远方遥控操作前，应先在调控防误系统模拟图上进行核对性模拟预演，无误后，再进行实际设备操作。

（2）调控防误系统上的设备状态应随时与现场设备状态保持一致。调度、监控值班员每日交接班时，应对调控防误系统设备异常状态进行检查，发现设备状态与现场不一致时，应及时通过监控系统进行调整，属于缺陷的应纳入缺陷管理。

（3）进行设备传动工作时，监控值班员可使用监控系统传动挂牌或调控防误系统传动功能，执行传动相关工作要求。

（4）变电站或新设备接入时，调控防误系统图形数据必须实现同步完善、同步投运。

（5）变电站基、改（扩）建等工程，各单位要在设备投入运行前，对调控防误系统中相关设备进行传动并验收，确保达到防误要求。

（6）调度操作票经调控防误系统校验不能通过时，相关维护人员应及时查找和处理，原则上问题不处理完毕不得下令操作。在危及人身、电网、设备安全且确需下令操作的紧急情况下，调度值班员经当值值长同意后，可以下令操作，但应填写《调控防误系统调度操作指令解锁记录》。缺陷应在 24 小时内处理完毕。

（7）调控防误系统遥控解锁分为全系统解锁、变电站解锁、设备解锁，所有人员严禁擅自使用调控防误系统解锁密码。调控防误系统的解锁密码应封存管理，并有启封使用登记和批准记录，并记录解锁原因。解锁密码的具体管理规定如下：

1）全系统解锁、变电站解锁、设备解锁密码应分别封存在解锁密码信封内，封条上应标明封存日期及封存人员；

2）全系统解锁、变电站解锁、设备解锁密码不能重复，应为 8 位数，且由数字、字母或特殊符号组合；

3）解锁密码应由各单位调控防误系统专责人按照自定的规则设置，并确保信封内解锁密码与系统实际密码一致；

4）解锁密码信封由值长保管，交接班时值长之间进行检查、交接；

5）解锁密码信封应留有一套备用，由调控防误系统专责人保管；

6）使用解锁密码必须填写《调控防误系统解锁密码使用记录》；

7）调控防误系统经解锁后，各单位调控防误系统专责人应在 24 小时内重新设置相应解锁密码，解锁密码应确保未曾使用，并履行解锁密码封存手续。

（8）正常遥控操作经调控防误系统校验不能通过时，相关维护人员应及时查找和处理，原则上禁止解锁操作。

（9）在危及人身、电网、设备安全确需紧急操作的情况下，监控值班员经当值值长同意后，可以对相应设备进行解锁操作。操作完毕后应及时恢复闭锁状态，如有缺陷应在 24 小时内处理完毕。

（10）调控防误系统因工作短时停用时，应报本单位主管安全生产领导批准，才能退出运行并做好记录。停用时间超过 24 小时应经本单位主管安全生产领导批准，并填写调控防误系统停用审批表，提前 2 天上报公司调度调控中心。调控防误系统停用期间应制定完善的风险防控措施，如有操作须严格按照解锁的规定执行，工作完毕后应及时恢复运行。

第23章 输变电在线监测运行

23.1 主要作用

输变电在线监测与分析应用在智能电网调度控制系统 D5000 平台上集成，建立应用 SCADA_TDS，部署在智能电网调度控制系统安全 II 区，主站配置两台输变电在线监测服务器，实现信息的采集、存储、分析与应用。

输变电在线监测与分析应用功能模块，主要实现输变电设备在线监测数据的采集、处理与分析，为设备监控运行人员监视设备运行情况、处置告警信息等提供技术支持，为设备监控管理人员统计分析提供辅助手段。

系统具备对输电、变电设备状态监测功能，包括变压器/电抗器油中溶解气体信息监测、变压器/电抗器套管绝缘信息监测、电压互感器绝缘信息监测、电流互感器绝缘信息监测、金属氧化物避雷器泄漏电流监测、架空线路微气象信息监测、杆塔倾斜信息监测、电缆护层电流信息监测等。输变电在线监测主要信号见表 23-1。

表 23-1 输变电在线监测主要信号

序号	监测类型	信号类型	对应表号	对应表中文名	常用采集量
1	变电监测	变压器油中溶解气体	852	变压器油色谱监测表	甲烷、乙烯、乙烷、乙炔、氢气、一氧化碳、二氧化碳、总烃、总可燃、微水、氮气、氧气，单位：（μL/L）
2		避雷器监测	853	避雷器监测表	全电流（mA）、阻性电流（mA）、系统电压（kV）
3		气室密度	854	GIS 气室密度和微水表	气体温度（℃）、气体压力（MPa）、气体密度（kg/m³）、微水含量（μL/L）、露点
4		变电微气象	855	变电微气象表	风速（m/s）、气温（℃）、湿度（%）、风向、气压（hPa）、降水强度（mm/h）、光辐射强度（W/m²）、降雨量（mm）
5		局部放电	857	变压器局放表	气隙放电、悬浮放电、尖端放电、夹层放电、脉冲个数单位：（pC 或 mV 或 dB）
6		铁芯电流	859	变压器铁芯电流表	铁芯电流（mA）

续表

序号	监测类型	信号类型	对应表号	对应表中文名	常用采集量
7	变电监测	油温	860	变压器油温表	油温（℃）
8		直流偏磁	863	直流偏磁表	中性点直流（mA）、主变压器噪声、主变压器振动、加速度有效值、速度有效值、位移有效值、加速度50Hz、加速度100Hz、加速度150Hz、加速度200Hz、加速度250Hz、加速度300Hz、加速度350Hz、加速度400Hz、加速度450Hz、加速度500Hz
9		电容设备绝缘监测	869	电容设备绝缘监测表	末屏电流（mA）、电容量
10		变压器绝缘监测	870	变压器套管绝缘监测表	末屏电流（mA）、电容量
1	输电监测	杆塔倾斜	871	杆塔倾斜监测表	杆塔倾斜度、杆塔横担歪斜倾斜度
2		导线弧垂	856	导线弧垂监测表	导线对地距离、夹角度、导线弧垂
3		导线温度	864	导线温度表	线温1、线温2
4		导线覆冰	858	导线覆冰监测表	综合悬挂载荷（N）、等值覆冰厚度（mm）、不均衡张力差（N）
5		微风振动	866	微风振动表	振幅（$\mu\varepsilon$）、振频（Hz）
6		污秽监测	867	污秽监测表	盐密（mg/cm^2）、灰密（mg/cm^2）、温度（℃）、湿度（%）、污闪电压（kV）、绝缘裕值（kV）、放电量（C）、泄漏电流特征值（A）
7		微气象	868	微气象表	风速（m/s）、气温（℃）、湿度（%）、风向、气压（hPa）、降水强度（mm/h）、降雨量（mm）
8		护层电流	872	电缆护层电流监测表	护层电流/运行电流（A）

23.2　典型信号及含义

输变电在线监测典型信号及含义见表 23-2。

表 23-2　　　　　　　　　　输变电在线监测典型信号及含义

设备类别	信号描述	信号含义
变压器（电抗器）类油中溶解气体	氢气气体绝对值告警	油中氢气含量达到告警值
	氢气气体绝对值预警	油中氢气含量达到预警值

设备类别	信号描述	信号含义
变压器（电抗器）类油中溶解气体	氢气气体相对产气速率告警	油中氢气气体相对产气速率达到告警值
	氢气气体相对产气速率预警	油中氢气气体相对产气速率达到预警值
	氢气气体绝对产气速率告警	油中氢气气体绝对产气速率达到告警值
	氢气气体绝对产气速率预警	油中氢气气体绝对产气速率达到预警值
	乙炔气体绝对值告警	油中乙炔气体绝对值达到告警值
	乙炔气体绝对值预警	油中乙炔气体绝对值达到预警值
	乙炔气体相对产气速率告警	油中乙炔气体相对产气速率达到告警值
	乙炔气体相对产气速率预警	油中乙炔气体相对产气速率达到预警值
	乙炔气体绝对产气速率告警	油中乙炔气体绝对产气速率达到告警值
	乙炔气体绝对产气速率预警	油中乙炔气体绝对产气速率达到预警值
	总烃气体绝对值告警	油中总烃气体绝对值达到告警值
	总烃气体绝对值预警	油中总烃气体绝对值达到预警值
	总烃气体相对产气速率告警	油中总烃气体相对产气速率达到告警值
	总烃气体相对产气速率预警	油中总烃气体相对产气速率达到预警值
	总烃气体绝对产气速率告警	油中总烃气体绝对产气速率达到告警值
	总烃气体绝对产气速率预警	油中总烃气体绝对产气速率达到预警值
	一氧化碳气体绝对值告警	油中一氧化碳气体绝对值达到告警值
	一氧化碳气体绝对值预警	油中一氧化碳气体绝对值达到预警值
	二氧化碳气体绝对值告警	油中二氧化碳气体绝对值达到告警值
	二氧化碳气体绝对值预警	油中二氧化碳气体绝对值达到预警值
	甲烷气体绝对值告警	油中甲烷气体绝对值达到告警值
	甲烷气体绝对值预警	油中甲烷气体绝对值达到预警值

续表

设备类别	信号描述	信号含义
变压器（电抗器）类油中溶解气体	乙烯气体绝对值告警	油中乙烯气体绝对值达到告警值
	乙烯气体绝对值预警	油中乙烯气体绝对值达到预警值
	乙烷气体绝对值告警	油中乙烷气体绝对值达到告警值
	乙烷气体绝对值预警	油中乙烷气体绝对值达到预警值
变压器（电抗器）类油中微水监测	水分告警	油中水分达到告警值
	水分预警	油中水分达到预警值
变压器（电抗器）类局部放电监测	放电量告警	局部放电量达到告警值
	放电量预警	局部放电量达到预警值
变压器（电抗器）类铁芯接地电流检测	全电流告警	铁芯接地电流达到告警值
	全电流预警	铁芯接地电流达到预警值
变压器（电抗器）类顶部油温监测	顶层油温告警	顶层油温达到告警值
	顶层油温预警	顶层油温达到预警值
变压器（电抗器）类套管绝缘监测装置	末屏断相告警	套管末屏断相告警
	介质损耗因数告警	套管介质损耗因数达到告警值
	介质损耗因数预警	套管介质损耗因数达到预警值
	相对介质损耗因数（初值差）告警	相对介质损耗因数（初值差）达到告警值
	相对介质损耗因数（初值差）预警	相对介质损耗因数（初值差）达到预警值
	电容量相对变化率（初值差）告警	电容量相对变化率（初值差）达到告警值
	电容量相对变化率（初值差）预警	电容量相对变化率（初值差）达到预警值
电流互感器电容设备绝缘监测装置	末屏断相告警	末屏断相告警
	介质损耗因数告警	介质损耗因数达到告警值
	介质损耗因数预警	介质损耗因数达到预警值
	相对介质损耗因数（初值差）告警	相对介质损耗因数（初值差）达到告警值
	相对介质损耗因数（初值差）预警	相对介质损耗因数（初值差）达到预警值
	电容量相对变化率（初值差）告警	电容量相对变化率（初值差）达到告警值

设备类别	信号描述	信号含义
电流互感器电容设备绝缘监测装置	电容量相对变化率（初值差）预警	电容量相对变化率（初值差）达到预警值
电压互感器电容设备绝缘监测装置	末屏断相告警	末屏断相告警
	介质损耗因数告警	介质损耗因数达到告警值
	介质损耗因数预警	介质损耗因数达到预警值
	相对介质损耗因数（初值差）告警	相对介质损耗因数（初值差）达到告警值
	相对介质损耗因数（初值差）预警	相对介质损耗因数（初值差）达到预警值
	电容量相对变化率（初值差）告警	电容量相对变化率（初值差）达到告警值
	电容量相对变化率（初值差）预警	电容量相对变化率（初值差）达到预警值
耦合电容器电容设备绝缘监测装置	介质损耗因数告警	介质损耗因数达到告警值
	介质损耗因数预警	介质损耗因数达到预警值
	相对介质损耗因数（初值差）告警	相对介质损耗因数（初值差）达到告警值
	相对介质损耗因数（初值差）预警	相对介质损耗因数（初值差）达到预警值
	电容量相对变化率（初值差）告警	电容量相对变化率（初值差）达到告警值
	电容量相对变化率（初值差）预警	电容量相对变化率（初值差）达到预警值
断路器（GIS）SF_6气体压力及水分监测	SF_6气体压力告警	SF_6气体压力达到告警值
	SF_6气体压力预警	SF_6气体压力达到预警值
	水分告警	水分达到告警值
	水分预警	水分达到预警值
金属氧化物避雷器泄漏电流监测装置	阻性电流告警	阻性电流达到告警值
	阻性电流预警	阻性电流达到预警值
	全电流告警	全电流达到告警值
	全电流预警	全电流达到预警值

23.3 典型异常处置

案例：楼梓庄 2 号变压器铁芯电流告警。

23.3.1　异常现象

（1）监控机报警：铃响，楼梓庄站动作。

（2）报警窗信息：楼梓庄 2 号变压器铁芯电流预警，楼梓庄 2 号变压器铁芯电流告警。

（3）监控机主接线：无变化。

（4）监控机遥测：楼梓庄 2 号变压器铁芯电流 300mA。

23.3.2　异常处置

（1）记录时间，恢复音响。

（2）记录楼梓庄异常情况。

（3）根据信号情况初步判断为楼梓庄站 2 号变压器铁芯电流超过限值。

（4）将异常简要情况上报管理，通知检修分公司值班室。

（5）通过视频监视系统检查楼梓庄站 2 号变压器间隔设备未见明显异常。

（6）运维队人员到现场后应与调控中心联系，调控中心应告知其站内运行方式、异常动作情况和异常先期处理情况。

（7）异常处理完毕，检修分公司值班室人员上报调控中心，双方核对设备位置、信号。调控中心人员应了解异常发生及处理过程。

（8）异常处理后，填写运行日志，缺陷记录。

23.4　监视注意事项

变压器油在线监测装置，当油中的气体含量达到报警值使站内发出报警信号时，调控值班人员应尽快通知检修分公司值班室，并按缺陷流程进行处理。

第24章 综合异常事故处置

24.1 典型案例

案例：110kV聂康双回线跳闸故障处置分析。

24.1.1 事故概况

110kV聂康双回线由220kV聂各庄变电站带，康庄变电站110kV采用双母线接线，进出线8回，110kV断路器按固定母线的方式运行（即双母线接线合145母联单母线分段运行，101、111、113、115、117固定在4号母线；102、112、114、116、118固定在5号母线）。正常方式下111、112、115、116、117、118、145开关合，113、114开关断开热备用。

2015年2月21日0时21分，110kV聂康一线纵联差动保护动作跳闸，重合成功。故障相别AC相，测距距聂各庄变电站42.72km。

2015年2月21日0时30分，110kV聂康二线纵联差动保护动作跳闸，重合不成功。故障相别BC相，测距距聂各庄变电站39.45km。0时35分，试发成功。

2015年2月21日0时41分，110kV聂康二线纵联差动保护再次动作跳闸，重合不成功。故障相别BC相，测距距聂各庄变电站39.45km。市调下令调整运行方式，将康庄变电站110kV4号母线负荷倒110kV岭康一线带。

24.1.2 主要处置过程

（1）0时21分市调监控报（×××）：聂各庄变电站110kV聂康一115开关纵联差动保护动作跳闸，重合成功。

（2）0时22分通知延庆调度（×××）：聂各庄变电站110kV聂康一跳闸，重合成功，检查康庄变电站设备及负荷情况。

（3）0时23分通知检修公司（×××）：聂各庄变电站110kV聂康一跳闸，重合成功，线路带电查线。

（4）0时30分市调监控（×××）报：聂各庄变电站110kV聂康二116开关纵联差动保护动作跳闸，重合不成功。

（5）0时33分市调令监控（×××）：试发聂各庄变电站聂康二116开关。0时35分试送成功。

（6）0 时 36 分市调令延庆调控（×××）：康庄变电站合上聂康二 115 开关。0 时 38 分操作完毕。

（7）0 时 36 分通知检修公司（×××）：110kV 聂康二线跳闸，带电查线。

（8）0 时 41 分市调监控（×××）报：聂各庄变电站 110kV 聂康二 116 开关纵差保护动作跳闸，重合不成功。

（9）0 时 41 分通知延调（×××）：聂康二线再次跳闸，准备采取合入岭康一线方式，派人去康庄站操作、检查设备。

（10）0 时 46 分市调令鹿鸣山电场（×××）：拉开鹿康 111 开关。0 时 50 分操作完毕。

（11）0 时 53 分市调令延庆调控（×××）：合上康庄变电站岭康一 113 开关。0 时 55 分操作完毕。

（12）1 时 0 分报华北分调（×××）：由于事故处理拉开鹿鸣山电厂鹿康 111 开关，鹿鸣山电厂暂不具备并网条件。

（13）1 时 0 分市调监控（×××）报：聂康二两次跳闸均为 BC 相故障，测距距聂各庄变电站 39.45km（聂康双回线全长 49.4km）。

（14）1 时 30 分延庆操作队人员到达康庄变电站，市调令康庄变电站（×××）：拉开母联 145 开关，145 自投运行。1 时 50 分操作完毕。

（15）2 时 2 分市调令鹿鸣山电场（×××）：合上鹿康 111 开关。2 时 3 分操作完毕。

（16）2 时 5 分报华北分调（×××）：鹿鸣山电厂鹿康 111 开关已合入，具备并网条件。

（17）2 时 11 分检修分公司（×××）报：聂各庄变电站设备检查无问题。

（18）2 时 25 分检修分公司（×××）报：聂康双回线电缆部分查线无问题。

（19）16 时 51 分检修公司（×××）报：110kV 聂康二线具备试送条件。

（20）16 时 57 分市调令监控（×××）：聂各庄变电站试送聂康二 116 开关。16 时 58 分试送成功。

（21）22 日 11 时 44 分康庄变电站恢复正常运行方式。

24.1.3 故障原因

110kV 聂康一线查线发现故障点位于 121 号至 122 号塔间一线、三线导线均有 5cm 长麻点，因覆冰造成相间故障，无断股，可坚持运行。110kV 聂康二线查线发现故障点疑似 116 号至 117 号塔间二、三线导线覆冰造成相间故障，无断股，可坚持运行。

113

24.1.4 过程分析

（1）2015 年 2 月 21 日 0 时 21 分，110kV 聂康一线纵差保护动作，AC 相故障，聂各庄站 115 开关纵差保护动作跳闸，同时康庄站 116 开关纵差保护动作跳闸，经过 1130ms 后（保护动作 22ms，断路器分闸 54ms，重合闸动作 1054ms），重合闸动作重合两侧开关成功。A 相电压下降至 81.61%，C 相电压下降至 82.35%。

（2）2015 年 2 月 21 日 0 时 30 分，110kV 聂康二线纵差保护动作，BC 相故障，聂各庄站 116 开关纵差保护动作跳闸，同时康庄站 115 开关纵差保护动作跳闸，经过 1141ms 后（保护动作 21ms，断路器分闸 56ms，重合闸动作 1064ms），重合闸动作重合两侧开关不成功，造成线路停电。B 相电压下降至 82.25%，C 相电压下降至 79.56%。0 时 35 分试发成功。

（3）2015 年 2 月 21 日 0 时 41 分，110kV 聂康二线纵差保护动作，BC 相故障，聂各庄站 116 开关纵差保护动作跳闸，同时康庄站 115 开关纵差保护动作跳闸，经过 1129ms 后（保护动作 22ms，断路器分闸 54ms，重合闸动作 1053ms），重合闸动作重合两侧开关不成功，造成线路停电。B 相电压下降至 83.41%，C 相电压下降至 79.25%。本次故障后，未对线路进行试发试送。

24.1.5 经验总结

（1）对降雪天气造成的电网影响及运行风险认知不足，未能在 110kV 聂康双回线跳闸后及时调整相关厂站运行方式，导致 110kV 康庄变电站全停的风险进一步加大。

（2）强化恶劣天气情况下两级调控之间的信息沟通，发生主网故障或 10kV 集中故障，及时询问当地天气情况及恶劣程度，及时采取方式调整措施提高供电可靠性，减少变电站全停风险。

24.2 主要流程

综合异常事故处置流程见图 24-1。

24.3 典型异常事故处置注意事项

（1）调控人员要掌握所有被控站特殊点，保护动作联跳关系，遇有较大的事故或异常，要利用 SCADA 系统、视频监视系统、故障录波系统综合分析判断，如果涉及变电站数量较多时，可采用按站分析的方式。

（2）遇有事故或异常，同值人员要做好分工，遇有电话较多时，要同同值

114

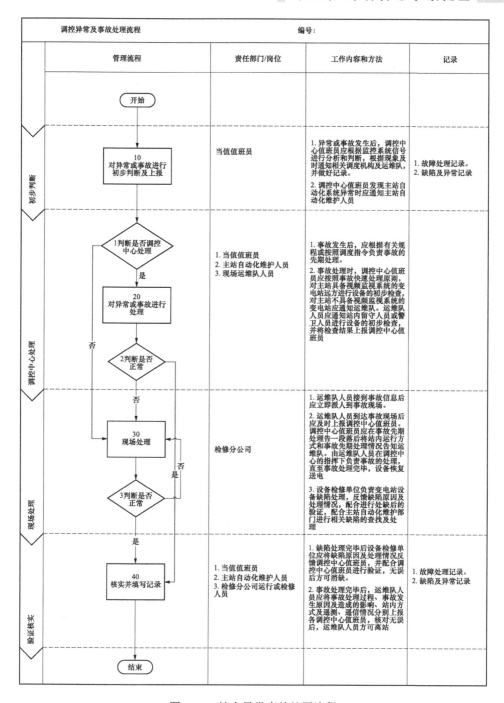

图 24-1　综合异常事故处置流程

人员做好沟通，做到所有信息每名调控值班人员均清楚。

（3）遇有较大事故时，应充分利用 SCADA 系统事故窗功能，快速准确进行事故分析，第一时间将事故情况上报，并按规定开展事故快速处理。

（4）事故处理告一段落，要将所有事故信息重新梳理一遍，包含全信息，防止遗漏。

第 25 章 监 控 操 作 票

25.1 监控操作票填写范围

25.1.1 列入操作步骤的操作

（1）确认被操作变电站一次系统画面或 AVC 系统操作画面；

（2）拉开或合上开关、刀闸；

（3）拉、合开关、刀闸后检查开关、刀闸位置；

（4）投入、退出、改投保护、安全自动装置、VQC、AVC；

（5）正常方式并列运行的变压器解列前或变压器并列后检查负荷分配；

（6）变压器并列前，检查"×号变、×号变分接头位置应一致"（含有特殊要求，分接头位置不一致的变压器并列前，"检查×号变、×号变分接头位置应正确"）；

（7）母线充电后检查母线电压（母线没有电压值监测手段的除外）。

25.1.2 可以不用填写监控操作票，但应两人进行操作并按规定做好记录的工作

（1）故障处理，查找高压设备接地的试停操作及检修中的试验性操作；

（2）设备异常应急处理需立即将其退出运行的操作；

（3）调度员冠以"事故拉路""设备异常拉路"术语下令时的操作；

（4）调整变压器分接开关的操作；

（5）调度员下令试送开关的操作；

（6）在监控系统上挂、拆政治供电、未运行、退运、待用等标识牌。

25.2 监控操作票填写主要步骤

（1）调控中心监控员操作时确认所操作站一次系统画面，在监控系统上操作称"确认××站一次系统画面"；在 AVC 系统上操作称"确认 AVC××站操作画面"。

（2）开关、刀闸（含二次开关、刀闸）称"拉开""合上"。如拉开 2211；合上 112-4。

（3）拉、合开关或刀闸后检查开关或刀闸位置称"检查××应合上"等。

在合电容器开关时应在检查开关位置后面填写电压变化数值。如：检查××应合上 10.3～10.5kV。

（4）投入、退出、改投保护、安全自动装置、VQC、AVC 的操作，称："投入""退出"和"改投"。如：投入 145 自投；退出 245 自投；退出 VQC（整站投退）；退出 VQC211（按间隔退 VQC）；退出 VQC×号（投退间隔调度号）变；投入 AVC 系统（系统投退）；投入 AVC（整站投退）；投入 AVC××（投退间隔调度号）；投入 AVC×号（投退间隔调度号）变；投入 AVC××（投退间隔调度号）半闭环；将 1 号消弧线圈改投自投。

（5）检查负荷分配，称"检查××、××负荷分配"。检查后应在检查负荷分配后填写电流数值。如：检查 201、202 负荷分配 20A、22A。

（6）变压器并列前检查分接头，称检查"×号变、×号变分接头位置应一致"（含有特殊要求，分接头位置不一致的变压器并列前，称"检查×号变、×号变分接头位置应正确"。

（7）母线充电后检查母线电压，称"检查××kV×号母线电压应正常"。

25.3 监控操作票执行归档流程

（1）操作票应根据值班调度员、运行值班负责人下达的操作指令填写。下达指令时，要由有接令权（有接令权人员名单应明确）的人员受令，认真进行复诵。

（2）经值班调度员同意自理（或下达操作许可指令）的操作，仍应填写调度接转令记录，但须在发令人栏内注明"×××同意（或许可）"字样，工作完毕应将站内同意自理（或许可指令）操作部分恢复后向调度回令，恢复操作接发令时间填写调度员下令时间。属于站内自行调度的设备和调度授权自行操作的设备，填写调度指令记录时在发令人栏内应填写"自行"字样，其正确性由当值人员负责。

（3）调度令执行无问题后，在调度命令接转记录的"操作终了时间"栏内填入操作完毕时间，并在备注栏内盖"已执行"章。

（4）若调度令因故中断操作，在调度命令接转记录的"操作终了时间"栏填入中断操作时间，并在备注栏注明中断操作原因，并盖"已执行"章。

（5）如调度令因故写错，在调度命令接转记录的备注栏注明原因并在备注栏盖"作废"章。

（6）如调度令因故未执行，在调度命令接转记录的备注栏注明原因并在备注栏盖"未执行"章。

（7）操作票应由操作人员填写。

（8）操作任务栏应根据调度指令内容填写。

（9）操作顺序应根据调度指令参照变电站的典型操作票和事先准备的练功票的内容进行填写。

（10）操作票填写后，由操作人、监护人、运行值班负责人共同审核（必要时经总值长审核）无误后监护人、操作人、运行值班负责人分别签字，操作人员填入操作开始时间。

（11）同一个变电站不许同时接受两个下令人员的命令，操作票的每一步骤只许包括一个操作内容。

（12）操作票正常情况下应使用 oms 系统出机打票，当 oms 系统因特殊原因无法使用，需改用手写操作票时，应报管理人员批准，操作票编号应与机打票编号相互独立，单独编号，如 20160001。

（13）手写操作票时应用钢笔（签字笔）或圆珠笔逐项填写。用计算机开出的操作票应与手写格式一致，操作票票面应清楚整洁，不得任意涂改。操作人和监护人应根据监控系统接线图核对所填写的操作项目，并分别签名，然后经运行值班负责人审核签名。

（14）操作票在执行过程中不得颠倒顺序，不能增减步骤、跳步、隔步，如需改变应重新填写操作票。

（15）手工填写操作票，操作任务、操作票编号、操作术语、调度号不得涂改。操作票若个别字体写错，可在错字上划两横线注销（每页票涂改不得超过两处），在后面重新填写。

（16）机打票机打部分不允许修改，手写部分每页涂改不得超过两处，涂改方式与纸质票相同。

（17）操作中发生疑问时，不准擅自更改操作票，必须向值班调度员或上级领导报告，查明情况后再进行操作。

（18）若一个操作任务连续使用几张操作票，则在前一页"备注"栏内写"接下页"，在后一页的"操作任务"栏内写"接上页"，中间页作废时写接页的编号。

（19）操作票因故作废应在"操作任务"栏内盖"作废"章，若一个任务使用几页操作票均作废，则应在作废各页均盖"作废"章，并在作废操作票页"备注"栏内注明作废原因。当作废页数较多且作废原因注明内容较多时，可自第二张作废页开始只在"备注"栏中注明"作废原因同上页"。

（20）在操作票执行过程中因故中断操作，则应在已操作完的步骤下面盖

"已执行"章，并在"备注"栏内注明中断操作原因。若此任务还有几页未执行的票，则应在未执行的各页"操作任务"栏盖"未执行"章。

（21）调控中心监控员、变电站运维人员在执行操作前、后应相互通知。

（22）调控中心监控员远方操作变电站设备前，应通过监控系统检查无影响监控远方操作及危及相关设备运行的异常信号后方可远方操作。

（23）监控员远方操作和变电站运维人员现场操作应在调控中心统一调度指挥下开展，当监控员远方操作无法执行时，调度员应根据情况将调度指令转由变电站运维人员操作。监控远方操作设备前，应通知变电站运维人员与待操作设备保持安全距离。对于需要现场配合的计划操作，监控员远方操作应在变电站运维人员到达现场后方可进行，并由变电站运维人员负责确认相关设备状态。

第26章 日常监控工作

26.1 监视重点及要求

变电站运行情况监视：调控中心值班员负责通过主站监控系统对所控变电站进行监视，当监控系统出现预告报警信号或系统"四遥"功能异常时，按以下流程处理。

（1）当监控系统发出预告报警信号或系统"四遥"功能异常时，调控中心值班员应及时通知检修公司值班室，并冠以"通知异常"的术语。"通知异常"应包括时间、站名、预告报警信号动作、复归情况、系统"四遥"功能异常情况、缺陷定性（可选项）。

（2）检修公司值班室接到通知后，应立即安排运维队人员对站内预告报警信号、设备情况或系统"四遥"功能异常情况进行检查、核实和处理，并应在24小时内向调控中心反馈检查、核实结果和处理意见，并冠以"回复异常"的术语。"回复异常"应包括站内预告报警信号动作、复归情况、站端自动化系统相应功能情况、设备检查情况、设备是否可以继续运行、处理意见等。

（3）若经现场检查，站端预告报警信号或系统"四遥"功能异常情况与主站端一致，确属站端设备异常，应由变电运行单位负责按照公司相关缺陷管理要求处理，并将缺陷定性上报调控中心。

（4）若经现场检查，站端预告报警信号或系统"四遥"功能异常情况与主站端不一致，应按照以下流程处理：主站端自动化系统维护人员应先查明是否为主站系统问题，确认非主站系统问题后，将此缺陷通知站端自动化维护人员，并组织协调处理。严重及以上缺陷由主站端自动化维护人员电话通知检修分公司值班室，由生产值班室安排站端自动化值班人员与主站端进行联系处理。

（5）影响调控中心正常监控的缺陷，调控中心有权要求处缺单位提高缺陷定性级别，以尽快处理缺陷。处缺单位应按照调控中心要求在限定时间内处理。对于影响调控中心正常监控的缺陷，调控中心将按照缺陷定性原则进行分析，并在"通知异常"时作特别说明，此类缺陷的定性以调控中心通知为准。

（6）现场设备异常处理完毕，检修分公司值班室应立即上报调控中心现场缺陷处理情况、设备是否恢复正常，并确认站内、调控中心信号，并冠以"回复异常"的术语。

（7）由主站端自动化维护人员组织协调处理的缺陷，在处理完毕后由主站端自动化维护人员及时反馈处理情况。需要校验处缺效果时，站端自动化维护人员应留站进行配合，与主站端校验处缺效果后方可离站。

（8）若经现场检查需要停电处理时，检修分公司值班室应上报调控中心，处理完毕后，操作队应将处理情况上报调控中心，确认相关信号。

（9）操作队在巡视过程中发现各类危急情况，可按相关规程规定处理，并及时上报调控中心。

（10）当变电站因工作造成全站或变电站某个间隔、信号调控中心无法监视时，工作班组应通知检修分公司值班室，检修分公司值班室应上报电网调控中心，并做好现场保障措施。

（11）当站内有停电工作，工作开工后由现场负责停电间隔的信号监视工作。

电压监视：调控中心负责对监视范围内各级母线电压进行监视，具体流程如下。

（1）各变电站接入调控中心时，应确保该站 AVC、VQC 正常投运，功能完善。正常情况下，由 AVC 进行电压调整，VQC 作为热备用状态。

（2）当使用 AVC 进行电压调整时，监控系统的极限电压越限报警应参照 AVC 电压调整限值设定。监控人员正常情况下使用监控系统显示的电压值进行电压监视。

（3）每季度监控人员应根据正式下发的电压曲线文件向运维中心提交电压曲线定值对电压越限列表中的数据进行修改，电压监视应严格按照每季度下发的电压曲线进行。

（4）当 AVC 运行，电压出现越限而 AVC 未动作或 AVC 发生异常不能调整电压时，监控人员应按照缺陷流程进行上报并退出该站 AVC，手动调整电压或投入该站 VQC。

（5）当 AVC 系统发生异常情况，应将 AVC 系统退出运行，投入各站 VQC，并按照缺陷流程上报。

（6）当 VQC 投入运行时，电压越限而 VQC 未动作或 VQC 发生故障时，调控中心应及时通知操作队，操作队应及时通知设备维护单位对 VQC 装置、定值进行检查和调整，设备维护单位应及时消除缺陷，确保 VQC 尽快恢复运行。

（7）特殊情况下需要远方调整电压时，调控中心负责投退 AVC、VQC、拉合电容（抗）器、调整主变压器分头等操作，但事后应及时通知相关操作队。

（8）当站内设备检修、传动造成 AVC 发出闭锁信号时，站内工作完毕后，当值人员要及时与站内核实，对于确属站内设备传动造成的闭锁信号，要及时进行人工复归，有其他异常信号时要及时按照相关要求上报处理。

设备负载监视：调控中心值班员负责对监控范围内设备负载进行监视。当设备重载在 80% 及以上时，由调控中心通知检修分公司值班室。相关运维队应采取相关措施，如加强测温、加强巡视等。负荷回落时，也应通知检修分公司值班室。

26.2 例行重点工作

26.2.1 倒闸操作

（1）调控中心当值人员应熟知被控站操作情况，了解调度下令内容，被控站倒闸操作期间应根据音响、开关变位、信号等作出正确判断，如此时发生故障和异常应立即按照有关规定上报和通知检修分公司值班室。

（2）变电站自行调度的设备监控人员有权操作，操作时应按有关制度规定执行。

（3）除特殊规定外倒闸操作必须使用倒闸操作票，每张操作票只能填写一个操作任务。两人操作时，监护人员应由经验丰富的人员担任。

（4）下列各项工作可以不用操作票，但应两人进行操作，严格执行操作监护规定并在完成后作好记录，故障应急处理保存原始记录。

（5）故障处理、查找高压设备接地的试停操作及检修中的试验性操作：

1）故障处理，查找高压设备接地的试停操作及检修中的试性操作；

2）设备异常应急处理需立即将其退出运行的操作；调度员冠以"事故拉路""设备异常拉路"术语下令时操作；

3）调整变压器分接开关的操作；

4）调度员下令试送开关的操作；

5）在监控系统上挂、拆政治供电、未运行、退运、待用等标识牌。

（6）故障处理的善后操作应使用操作票。

（7）倒闸操作可以通过就地操作、遥控操作、程序操作完成。遥控操作、程序操作的设备必须满足有关技术条件。

（8）调控人员操作站内设备后，应通过监控机检查设备的状态指示、遥测、遥信信号的变化，且至少应有两个及以上的指示已同时发生对应变化，才能确认该设备已操作到位。

（9）检修设备停电，应把各方面的电源完全断开（任何运用中的星形接线设备的中性点，应视为带电设备）。禁止在只经开关断开电源的设备上工作。应拉开隔离开关，手车开关应拉至备用或检修位置，应使各方面有一个明显的断开点（对于有些设备无法观察到明显断开点的除外）。

（10）操作中，监控系统发生异常或遥控失灵时，应停止操作，通知相关操作人员到达现场，查找异常和失灵原因，判明缺陷，并将检查结果通知调控中心。

（11）设备发生异常或故障，调控人员应根据调度规程、运行规程的有关规定进行处理。

（12）遥控操作时，应考虑保护与自动装置的相应变化。

26.2.2 事故处理

（1）故障发生后，调控中心监控员应根据监控系统信号进行分析和判断，及时通知设备所属调度员及变电站运维人员，并根据有关规程或按照调度指令负责故障的先期处理。

（2）调控中心监控员应认真分析故障动作信息，结合电网运行整体情况，利用监控系统的遥控功能，进行故障的先期快速处理。

（3）故障处理时，调控中心监控员应按照故障快速处理原则，对具备视频监视功能的变电站，远方进行设备的初步检查，对不具备视频监视功能的变电站，应通知变电站运维人员。变电站运维人员应将检查结果上报调控中心监控员。

（4）故障情况下，属于本单位调控范围内的故障，故障处理方案明确后由调度员拟定书面调度指令，经调度值长确认、签字后直接交给监控员，拟定及转达过程由调度值长监护、把关。属于非本单位调控范围内的故障，需要监控员操作时，当值监控员应用调度电话按照接令流程进行接令。

（5）调度指令应经监控值长审核，有任何疑问应及时提出。监控员根据调度员下达的调度指令，完善操作步骤，经监控值长审核后执行。

（6）监控员按照操作步骤遥控操作相关设备，监控值长进行操作监护。

（7）故障处理过程中可不填写监控操作票，但监控员操作时应严格执行操作监护、质量检查相关流程，操作前操作人员共同核对故障变电站一次系统图画面，执行下令、复令步骤。

（8）调度指令执行后，属于本单位调控范围内的故障，操作人员在调度指令后签上姓名及时间，将调度指令转交调度值长，作为回令。属于非本单位调控范围内的故障，监控员用调度电话回令。

（9）对于严重威胁人身安全、造成大面积严重停电或者严重威胁设备安全等特殊情况，为快速处理，调度员可向监控员口头下达调度指令，双方口头确认后即可操作，操作时双方值长进行操作监护把关。

（10）故障或异常处理情况下监控远方拉合开关、变压器中性点刀闸等操作，在变电站内无人工作时，监控员可按照故障处理规定或调度指令的要求先行操作，操作完毕后再通知变电站运维人员。

（11）变电站运维人员承担故障的现场处理，包括故障的善后处理。变电站运维人员到达现场后或者故障发生时变电站运维人员在现场的情况下，故障处理应由变电站运维人员现场执行（特殊情况下，调度员也可下令监控员远方试送）。

（12）紧急故障、异常情况下监控远方操作刀闸、接地刀闸除符合倒闸操作安全及技术规定外，还应执行以下要求：

1）紧急情况下监控员需远方操作刀闸、接地刀闸时应经管理人员或当值值长批准后方可执行，且仅限于具备远方遥控操作条件的 GIS 设备及变压器中性点刀闸。

2）紧急情况下监控员远方操作刀闸前，应通过监控系统检查无影响监控远方操作及相关设备运行的异常信号、视频监视系统无明显打火、冒烟等异常现象。

3）线路故障需紧急将线路停运时，监控员利用视频系统可准确获取待操作刀闸和接地刀闸机械位置指示时，线路停电可由监控员远方操作刀闸及接地刀闸，若无法获取时，监控员远方操作线路刀闸后，合线路接地刀闸前，必须经线路各侧现场运维人员检查线路刀闸均已断开，线路各侧带电显示器均无电后方可操作接地刀闸。

4）调控中心监控员远方操作刀闸、接地刀闸后，应通知变电站运维人员对操作设备进行检查，并将检查结果上报调控中心监控员。

26.2.3　检修、传动、禁止报警、未运行、待用挂牌

（1）被控站检修工作开工通知调控中心后，值班人员可对停电检修设备进行检修或传动挂牌，站内设备停电工作期间，停电间隔的监视工作由现场负责。

（2）被控站检修工作完毕，操作队人员向调控中心报完工、双方核对方式、信号无误后，值班人员将检修或传动挂牌摘除，恢复对停电间隔的监视工作。

（3）特殊情况下信号频繁动作干扰运行监视需要对单个光字牌或间隔禁止报警时，应上报管理人员批准后执行，挂牌后当值调控人员应每小时检查一次报警信息动作发展情况。

（4）对于被控站有未运行或待用设备并发出相关信号的间隔，各值人员可

在未运行、待用设备的间隔或标签上挂上未运行或待用设备标示牌。原则上挂到一次系统图主画面上，当条件不具备时才可挂到光字牌标签上。

（5）设备投入运行前应将未运行、待用设备标示牌拆除。

（6）挂、拆未运行、待用设备标示牌不用填写操作票，但应两人进行，在运行日志上及专用的未运行设备挂牌记录上做好记录。

26.2.4　传动验收及管理

（1）传动工作的总体要求。

1）遥控传动必须两人进行，一人操作，一人监护，并应执行操作监护的相关规定。监护人员应由传动经验丰富的人员担任。

2）传动工作原则上应在传动室使用专用的传动机进行传动。

3）传动过程中应始终将画面固定为传动站的画面，不应随意改变。

4）传动前应确认传动机音响正常。

5）各类传动工作应符合公司相关文件的要求。

6）各类传动工作均应认真填写传动记录，传动完毕后应填写传动统计表并上报。

7）工作班组在变电站内进行各种需要传动的检修工作，传动前工作班组应提供传动所需的信息量表并负责配合调控中心进行远方传动，正确后方可报完工。

8）调控中心原则上最多同时只进行两个站的传动工作，且已运行的变电站切改或基建站的传动宜放在单独的传动区进行。

（2）遥控传动管理规定。

当遥控传动具备以下条件时方可认为此条遥控传动完成：

1）监控系统主画面和分画面接线图中开关、刀闸位置变位正确；

2）遥控传动时，实时报警浏览窗中"遥控执行"命令由"执行"变为"成功"；

3）开关或刀闸实际传动时需进行合拉一个循环后才可认为遥控完毕；

4）开关或刀闸非实际传动时只需进行合闸的操作后即可认为遥控完毕；

5）无其他错误信号伴随上送。

（3）遥信传动管理规定。

当遥信传动具备以下条件时方可认为此条遥信传动完成：

1）异常信息传动

2）实时报警浏览窗自动弹出；

3）实时报警浏览窗中信息描述应与传动信息量表一致；

4）光字牌画面相应光字牌闪烁，描述与传动信息量表一致；

5）有预告音响，且正确报出站名；

6）无其他错误信号伴随上送；

7）保护信息传动（包括强油风/水冷变压器冷却器全停信号）；

8）事故窗自动弹出（开关实际分闸时）；

9）有故障音响，且正确报出站名（开关实际分闸时）；

10）推出传动站主接线图（开关实际分闸时）；

11）事故窗中保护动作信息、开关变位信息正确（事故窗和事项窗内均有），并且保护动作信息描述与传动信息量表一致；

12）光字牌画面中相应光字牌动作正确，描述与传动信息量表一致；

13）实时报警浏览窗自动弹出；

14）实时报警浏览窗中信息描述应与传动信息量表一致；

15）收到一条事故总信息。（事故总由非受控开关变位后生成时，需要开关实际分闸）

（4）遥测传动管理规定。

1）站端数据上送后应首先检查遥测表数据是否变化，当误差相差较大时（不超过 1.5%），表明数据不正确，需报主站自动化运行维护人员处理；

2）遥测表中遥测数据单位正确：10kV 及以上电压：kV；电流：A；有功：MW；无功：Mvar；直流电压：V；站内电压：V；温度：℃；

3）遥测传动时应将画面放在相应的遥测表画面，数据核对后将画面切换至各接线图画面，检查相关遥测数据在接线图中同样正确。

（5）变压器调压传动。

1）变压器的遥调传动应只能在主变压器接线图中进行；

2）传动变压器分接开关位置时监控系统主画面和分画面接线图中显示位置应正确；

3）当需要传动 BCD 码位置时，在历史库中检查上送信息正确即可；

4）遥调时要对升、降、停分别进行遥控，原则上应从分接开关最低位置到最高位置，再从最高位置到最低位置传动一个循环，检查每个位置动作正确；

5）传急停时应有"变压器调压开关故障"或同义信号上送。

（6）VQC 远方投退传动。

1）VQC 功能投退原则上应既有总功能投退又有各设备间隔功能投退，传动时应分别传动；

2）传动 VQC 时，首先应在"VQC 状态"中进行遥控传动，再到本厂站光字牌中"VQC 功能"标签下进行遥控传动；

3）传动时应对 VQC 进行投入、退出操作，操作后相应的 VQC 状态标签应显示状态正确。

（7）AVC 遥控传动。

1）AVC 传动时应完成电容器、电抗器、变压器分接头的遥控传动操作，传动前应提前准备好传动记录；

2）AVC 传动工作可以与 D5000 自动化系统同标准、同期开展；

3）传动应在 AVC 系统通道测试状态下进行；

4）开关的遥控要进行合、分各一个循环，原则上应从分接开关最低位置到最高位置，再从最高位置到最低位置传动一个循环，检查每个位置动作正确；

5）遥控传动时应检查 D5000 系统信息上送与 AVC 所控内容一致且变位正确。

（8）远方投退自投等软压板。

1）传动自投等软压板时应分别进行投入、退出操作；

2）操作后应检查软压板的状态标签与操作状态一致。

26.2.5 工作月历

（1）调控中心工作月历内容由运行管理人员制定，调控人员应按照月历要求完成值内相应工作。

（2）工作月历正常月初由 OMS 系统自动生成，当 OMS 系统不可用时应使用纸质月历，并由各值自行打印、保存。

（3）工作月历上日期固定的工作应由相应值在当天完成。

（4）工作月历上非固定日期的工作可由值长根据当值工作情况自行安排时间完成。某项工作完成后，在 OMS 系统内选择该工作项目，在完成人、审核人处签字并注明实际完成时间，点击"返回运行日志"按钮，自动将该工作记入运行日志（纸质工作月历完成后应在执行情况一栏打勾，并将检查内容和结果记入运行日志）。

（5）各值每月最后一个班次检查本值工作月历完成情况应无遗漏，值长、主值、副值签字后存档备查。

第 27 章　监控 OMS 模块填写要求

27.1　运行日志填写要求

27.1.1　运行记录

（1）开始时间、结束时间：填写监控运行工作中每项工作的开始和结束时间，从弹出的时间选择框中选择。当填写接收、下达通知类等 1 分钟内完成的工作，则开始和结束时间填写相同时间。结束时间不跨班填写，如一项工作当值未能完成，接班值继续时应重新填写。

（2）运行记事：应详细记录监控运行工作中，开展、完成的各项工作，与相关单位的业务联系、当值例行工作开展情况、调度和上级有关运行的通知、本单位或上级单位现场检查等，记录要全面、清晰、准确。

（3）填写分类：根据工作类别填写分类，分别为操作及检修工作、缺陷及异常、事故处理、传动工作、调度通知、日常业务联系、接收文件或要求、例行工作、其他等。

27.1.2　变电站异常方式

（1）厂站：填写异常方式变电站名称。

（2）电压等级/直流/VQC/AVC：根据异常方式类别进行选择，分别为 220kV、110kV、35kV、66kV、10kV、0.4kV、直流、VQC、AVC 等。

（3）异常运行方式内容：只填写被控站运行方式变更的部分，如××站 111 间隔停用，则只将 111 间隔变更后的方式写入（例如：××111 开关拉开，111-2、111-4、111-5 刀闸拉开，111-27、111-47 地刀合上；214 间隔 AVC 未运行等）。

（4）状态：根据方式状态进行变更，新增默认为"异常"状态，当设备"异常"状态恢复后，点击右上角恢复按钮，则状态转为恢复。交接班时，当值填写的设备状态变化情况在运行日志（见图 27-1）中有显现。

27.2　监控操作票填写要求

（1）除公司文件明确可不填写操作票的操作外，均应填写监控操作票。

（2）变电站名称：填写待操作变电站名称。

图 27-1　运行值班日志

（3）发令人：填写发布调度令的调度员姓名，如属于需要填写监控操作票的自行操作，如投/退 AVC 操作、拆挂传动牌等操作，则填写"自行"。

（4）受令人：填写接收调度指令的监控员姓名或执行自行操作的监控员姓名。

（5）调度发令时间：填写调度员下令时间或填写自行操作监控操作票时间。

（6）操作方式：默认为监护操作。

（7）操作开始时间：填写操作开始时间，从时间框中选择。

（8）操作结束时间：填写操作实际时间，从时间框中选择。

（9）操作任务：根据调度指令或无需调度下令时，待执行的操作内容填写。

（10）操作原因分类：从下拉菜单中选择，根据操作原因填写，分为检修或处缺投退 AVC、VQC；检修或者处缺拉合开关或调整变压器分头试验操作；电压越限或异常投退 AVC、VQC 或拉合无功设备、调整变压器分头；传动或检修拆挂牌；故障后恢复开关；接地后恢复开关；电网倒方式；调度下令查找接地；新站接入 AVC 投退半闭环或闭环；其他等。

（11）操作详情：手工填写需要操作的具体原因。

（12）操作内容：根据操作任务，按照统一、规范的术语填写，写明具体的操作步骤，每一步骤只许包括一个操作内容。

（13）危险点分析、控制措施：操作前应根据操作内容明确危险点分析和控制措施，可从快捷菜单中选择或手工编写。

（14）审核：操作票填写后，应送值长审核，审核通过后，审核信息自动记入该栏。

（15）操作票经操作人和监护人共同审核无误后，送值班负责人（值长）审核，审核通过后，正式执行前，点击工作流选择生成正式操作票，操作票编号自动生成。

（16）操作票生成正式操作票后，应打印出纸质操作票和危险点分析和控制单，操作人、监护人、值班负责人手工签字，填写操作开始时间后执行，操作人、监护人在同一监控机上，履行操作票执行流程无误后，填写操作终了时间，将纸质操作票盖章归档。纸质操作票执行后，将 OMS 系统监控操作票填写操作开始时间、操作终了时间、执行状态，操作人、监护人、值班负责人信息填写完毕，值长审核无误后归档。

（17）状态：根据执行情况填写，分为执行"√"和"未执行"。

（18）备注：填写操作票作废、操作中出现异常的原因等。

（19）操作人、监护人、值班负责人：按照职责填写相关人员姓名。

27.3 缺陷及异常记录填写要求

值班员发现的涉及主站调控系统图形、数据异常、调控系统缺陷及变电站设备异常信息均需填写缺陷及异常记录。

（1）缺陷及异常编号：缺陷及异常记录新增后为草稿状态，送当值值长审核通过后，编号自动生成。

（2）厂站：填写发生数据或设备异常的变电站名称，当同一缺陷或异常涉及多站时，填写"调控中心"。

（3）缺陷及异常设备：填写具体发生缺陷或异常设备类型名称，从下拉框中选择，分为监控系统、辅助设施、其他、开关、刀闸、VQC、保护装置、自动化设备、直流、变压器、站内、消弧线圈、电压互感器、线路、其他气室、电流互感器、视频监视系统、AVC 等。

（4）缺陷及异常程度：根据缺陷性质，按照公司统一缺陷定性标准定性，从下拉菜单中选择，分为危急、严重、一般。

（5）缺陷及异常类别：按照缺陷及异常的情况填写分类，分为遥控、遥信、遥测数据或报警不正确，监控系统图形或数据修改，频繁动作复归、通道（信）中断、变位、闭锁、异常、SF_6 报警，其他、接地，一、二次熔断器断，空气开关跳线、断线等异常，机构打压频繁等。

（6）发生时间：填写缺陷及异常发现时间。

（7）发现人：填写发现缺陷及异常当值值班员。

（8）缺陷及异常描述：应详细描述缺陷及异常具体信息，调控系统异常信息上送情况、COS 或 SOE 报警信息情况，调控系统遥测、遥信、遥控异常现象，描述应全面并与实际相符，调控中心及设备运行部门检查结果，异常初步判断、相关系统检查情况等。

（9）处理部门：填写缺陷及异常需要处理的部门，从下拉菜单中选择，分为"主站""站端""主站、站端"。当选择"主站""主站、站端"时，执行审核工作流通过后，相关记录自动发送到主站自动化缺陷管理模块等待处理。当主站自动化维护人员处理完毕后，将相关记录返回，当值值班员验证无误、填写相关信息后将相关记录归档。当选择"站端"时，记录送审通过后，转为等待值班员消缺状态。

（10）处理时间：填写缺陷及异常处理时间，如为主站自动化维护人员处理后返回的记录，则系统自动填写该字段。

（11）缺陷回复人：填写缺陷及异常回复人员，一般为现场运行人员。如为主站自动化维护人员处理后返回的记录，则系统自动填写该字段。

（12）缺陷回复意见：填写处缺人员回复意见。

（13）消缺人：缺陷及异常处理后，经当值值班员验收无误可消缺时，填写当值消缺值班员姓名。

（14）消缺时间：填写消缺时间，从时间框中选择。

（15）备注：填写需要特殊说明事项。

（16）信息重复动作情况：当同一缺陷及异常现象重复出现、有变化时，填写此项目，记录具体时间，具体现象描述及记录人，原则上应再次通知设备运行单位，缺陷及异常现象严重时，应根据缺陷定性的标准，将相应缺陷严重程度升级，并及时通知相关单位。

（17）缺陷及异常处理过程：应详细记录缺陷处理过程、缺陷及异常发生原因、设备运行单位现场检查情况、回复情况及处理情况等。

（18）附件信息：当缺陷及异常需要主站自动化维护人员处理时，根据需要上传相应附件信息。

27.4　故障处理记录填写要求

（1）值班运行人员：当值值班人员，需手动选择。

（2）天气情况：根据下拉菜单选择。

（3）故障名称：故障简要情况，要写清变电站名称、设备双重调度号及保护动作情况，如：××站××路 111 开关零序距离保护动作重合成功。

（4）故障发生时间：发生故障的具体时间，正常情况下以 SCADA 系统报文时间为准。

（5）故障变电站名称，发生故障的变电站名称，应为××站。

（6）故障电压等级：发生故障设备所属电压等级，通过下拉菜单选择，变压器选择高压侧所属电压等级。

（7）线路名称：设备路名。

（8）故障设备：发生故障的具体设备。

（9）设备调度号：发生故障设备调度号。

（10）开关变位情况：发生故障设备变位具体情况，不能简写。

（11）保护动作情况：发生故障设备保护及自动装置动作情况，事故总信号。

（12）停电范围：设备故障的停电范围。

（13）恢复故障时间：设备恢复送电时间。

（14）通知运维队故障时间：通知运维队故障的时间。

（15）运维队人员到站时间：运维队人员到站具体时间。

（16）故障性质：根据故障情况及处置情况通过下拉菜单选择。

（17）故障类别：根据故障类别从下拉菜单选择。

（18）故障简报是否填完：选择是或者否。

（19）故障状态：选择已恢复或未处理。

（20）所属调度：故障设备所属调度。

（21）处理过程：详细记录故障的处置过程。

27.5　自行操作记录填写要求

按照公司规定，执行无需填写监控操作票的操作后，应填写自行操作记录。无需填写监控操作票的操作主要为线路试发、接地查找、变压器分接头调整等。

（1）记录编号：记录新增为草稿状态，经值长审核归档后，生成编号。

（2）变电站名称：填写操作变电站名称。

（3）调度号：填写操作设备调度号信息。

（4）操作行为：按操作行为填写，分为拉开、合上、拉开/合上、上调、下调。

（5）操作设备类型：按操作类型填写，分为开关、变压器分接头、刀闸。

（6）操作人、监护人：填写相应人员姓名。

（7）操作开始时间、操作终了时间：按操作实际时间填写，从时间框中选择。

（8）操作原因分类：从下拉框中选择，分为电压越限调整、故障处理。

（9）次数：按照操作行为，填写具体执行操作的次数。

（10）操作原因详情：手工填写操作具体原因。

（11）审核人、审核时间：值长审核无误，记录归档后系统自动填写。

27.6　其他记录填写要求

（1）管理人员根据公司统一要求，结合本单位实际情况完成月历模版的维护工作。根据工作内容明确调度员执行或监控员执行。如本单位值班员同时负责调度业务或监控业务，且运行记事调度及监控业务均记入调度运行纪事时，维护月历模版时只选择调度业务即可。

（2）在运行日志选择操作下完成班组定义、值班员定义、排班定义后，点击排班表查询自动生成排班，同时每月月初运行月历按值自动生成，每值月历内容根据月历模版和当值值班日期自动生成。

（3）如本单位值班员不按照排班定义的班次值班时，可从排班表查询中手动生成排班表，月初时运行月历不会自动生成，可从运行月历选择菜单下手动生成月历。

第28章　常态化远方操作

28.1　常态化远方操作内容及注意事项

28.1.1　常态化远方操作内容

（1）国调中心文件规定以下倒闸操作中，具备监控远方操作条件的开关操作，原则上应由调控中心远方执行：

1）一次设备计划停送电操作；

2）故障停运线路远方试送操作；

3）无功设备投切及变压器有载调压开关操作；

4）负荷倒供、解合环等方式调整操作；

5）小电流接地系统查找接地时的线路试停操作；

6）其他按调度紧急处置措施要求的开关操作。

（2）北京电力公司文件归档以下倒闸操作中，具备监控远方操作条件的，原则上应由调控中心远方执行：

1）线路计划停电操作：①公司调控中心负责操作监控范围内 220kV 线路计划工作的开关、GIS 刀闸（不含接地刀闸）的停电遥控操作；②地区调控中心负责操作监控范围内由本单位调度的 110、35kV 线路计划工作的开关、GIS 刀闸（不含接地刀闸）的停电遥控操作；

2）故障停运线路开关远方试送操作；

3）无功设备投切及变压器有载调压开关操作；

4）仅需远方拉合开关的负荷倒供、解合环等方式调整操作；

5）小电流接地系统查找接地时的线路试停操作；

6）仅需投退具备遥控条件的自投、重合闸软压板的操作；

7）拉合主变压器中性点刀闸的操作；

8）主站 AVC 系统的投退操作；

9）故障处理前期因试发 10kV 母线投退主变压器和接地变压器开关联跳软压板的操作；

10）故障处理时因隔离故障对具备远方操作条件的 GIS 刀闸、接地刀闸、开关小车的操作；

11）其他按调度紧急处置措施要求的操作；

12）除线路代路及正常倒母线计划操作外，其他一次设备计划停送电操作（此项操作，调控中心可根据电网停电计划安排、调控人员承载力等因素综合考虑是否远方遥控）。

（3）当遇有下列情况时，调控中心不允许对设备进行远方操作：

1）设备未通过遥控验收；

2）设备正在进行检修；

3）集中监控功能（系统）异常影响遥控操作；

4）一次、二次设备出现影响设备遥控操作的异常告警信息；

5）未经批准的设备远方遥控传动试验；

6）不具备远方同期合闸操作条件的同期合闸；

7）运维单位明确设备不具备远方操作条件；

8）设备操作后，无法按照安全规程规定可靠判定设备实际位置的一次设备、保护及自动装置软压板操作。

28.1.2 常态化远方操作注意事项

（1）变电站运维人员与调控中心调度员、监控员进行业务联系时，应互相通报厂站名称（或单位名称）及姓名，使用专用的调度录音电话，并严格执行接令、转令、回令等相关规定。

（2）调控中心监控员、调度员、变电站运维人员均应掌握变电站设备远方可控情况。

（3）调控中心监控员遥控操作前，应利用防误系统进行校验，并严格履行标准操作流程，如需解锁，应遵守《北京市电力公司调控防误系统管理规定》（京电调〔2012〕91号）的相关要求。

（4）变电站设备常态化远方操作执行时，现场配合的变电站运维人员也应掌握变电站常态化远方操作的具体内容，并做好突发事件应急情况下，执行现场操作及恢复设备的各项准备。

（5）变电站设备常态化远方操作时，调控中心监控员应密切关注监控系统报警信息及遥测变化情况，变电站运维人员应关注设备运行情况及现场监控机异常报警，发现异常应相互通知。

（6）各设备运行维护单位每年12月25日前，应向相应调控中心报送所辖变电站现场运行规程及典型操作票。变电站设备发生变化时，应在一周内重新报送。

（7）变电站运维单位应于每月第三个工作日前，将所辖变电站不具备远方操作条件的一次设备上报所属调控中心。当报备情况发生变化时，应通过调度电话及时通知所属调控中心监控员，并在 24 小时内重新上报正式清单。

（8）调控中心监控员、变电站运维人员在执行操作前、后应相互通知。

（9）调控中心监控员远方操作变电站设备前，应通过监控系统检查无影响监控远方操作及危及相关设备运行的异常信号后方可远方操作。

（10）监控员远方操作和变电站运维人员现场操作应在调控中心统一调度指挥下开展，当监控员远方操作无法执行时，调度员应根据情况将调度指令转由变电站运维人员操作。监控远方操作设备前，应通知变电站运维人员与待操作设备保持安全距离。对于需要现场配合的计划操作，监控员远方操作应在变电站运维人员到达现场后方可进行，并由变电站运维人员负责确认相关设备状态。

（11）因检修工作或设备缺陷等原因需要停用电容器、电抗器或变压器分接开关时，变电站运维人员在操作前应上报所属调控中心监控员申请退出相应间隔的 AVC，监控员操作完毕后，变电站运维人员方可进行停电检修操作。

（12）在发生人身触电事故时，为抢救触电人，监控员可以不经许可，立即拉开有关设备的开关，但事后应立即报告调度和上级部门。

（13）设备发生异常或故障，调控中心监控员应根据调度规程的有关规定或调度指令进行处理。

（14）监控员远方操作变电站设备后，应通过监控机检查设备的状态指示，遥测、遥信信号的变化，且至少应有两个及以上的指示已同时发生对应变化，才能确认该设备已操作到位。

（15）监控员远方操作刀闸后，应通过监控系统检查相应设备遥信变位及遥控报文正确，无设备异常信号。在不满足"双位置确认"的情况下，操作质量检查以变电站运维人员上报结果为准，变电站运维人员未上报检查结果前，监控员不允许继续执行后续操作。

（16）监控员远方拉开刀闸前，应检查监控系统所属间隔开关在断开位置，遥测数值为零。变电站运维人员上报待恢复送电范围内接地刀闸已拉开、接地线已拆除，相应间隔开关在断开位置后，监控员方可远方合上刀闸。

28.2　状态操作内容及注意事项

28.2.1　状态操作内容

（1）断路器、具备远方操作的隔离开关长期在合位或分位（不含未投运设备）达三年及以上未操作的设备，应按以下原则在当年安排完成设备拉合操作。

1）三年到五年的按照同类设备的 5%抽取操作设备；

2）六年及以上的按照同类设备的 10%抽取操作设备；

3）弹簧机构断路器，特别是国产弹簧机构的断路器应优先重点进行拉合操作，存在问题及时安排处理；

4）根据设备的出厂年限，特别是超过 20 年的设备应优先重点进行拉合操作，检查设备运行状态，存在问题及时安排处理；

5）排入年停电计划设备，当年不安排状态拉合操作。

（2）断路器、具备远方操作的隔离开关应根据设备实际运行状况安排状态操作：

1）液压机构或气动机构断路器出现打压频繁，检查设备无明显漏油（气）缺陷，根据运行规程及时申请拉合操作；

2）设备评价为异常状态的，通过拉合操作检查设备运行状态，存在问题及时安排处理；

3）公司内及其他网省公司通报的设备问题，通过拉合操作检查设备运行状态，存在问题及时安排处理；

4）结合设备隐患排查工作、度冬度夏情况、安全性评价结果、风险评估结果，通过拉合操作检查设备运行状态，存在问题及时安排处理；

5）在状态操作过程中发现缺陷的设备，应增加同批次同类型设备的状态拉合操作，同一站内设备当年应全部拉合，其他站内设备应在当年按照同类设备的 5%抽取操作设备。

（3）对电网重大故障恢复及方式调整起关键作用的设备（如母联断路器或备用联络线等），在该站开展状态操作时，应同时将此类设备纳入操作范围。

（4）设备状态操作原则上应在同一变电站内开展，站内所有涉及操作的开关均应列入设备状态操作计划，如必须涉及其他变电站方式调整，原则上相应变电站开关应同步开展设备状态操作。

28.2.2　状态操作注意事项

（1）开展状态操作的设备调控中心应可远方遥控。

（2）设备状态操作应充分考虑到电网接线方式，保护、自动化装置变化情况，开展状态操作的设备，原则上在调控中心遥控操作过程中不应涉及变电站现场操作内容。

（3）10kV 出线开关不开展设备状态操作（10kV 接地电阻开关除外）。

（4）执行设备状态操作的变电站，原则上同一时间应无停电计划检修工作。

（5）设备状态操作选择电网检修工作量小的时间段进行，原则上要避开春秋检高峰期、度夏及度冬大负荷、政治保电、恶劣天气等时间。

（6）设备状态操作计划要考虑运维及调控人员承载力，原则上每周安排不超过2次，并选择双方工作量能承受的时间段进行。相互无关联的设备状态操作计划当日内应错开时间执行。

（7）设备操作后不应造成负荷停电、设备过载及严重削弱电网方式和严重影响电网安全稳定运行。

（8）设备遥控操作后，操作质量的检查应符合安全规程的规定，远方无法检查时应由现场运维人员配合完成。

（9）设备状态操作业务联系应使用调度电话进行。

（10）调控中心监控员、变电站运维人员应掌握设备远方可控情况。

（11）监控员根据设备状态操作计划安排、现场工作检查要求及与运维队核对的情况，编写监控操作票，双方明确配合操作内容。监控操作票步骤中需要现场检查的步骤应注明"通知运维队现场检查"，原则上现场无特殊检查要求时，监控员仅在操作刀闸后及一项设备状态操作任务完成后通知现场运维人员检查。

（12）监控操作票编写后原则上提前一日15时前下发相应运维队，运维队应在操作票下发后2个小时内反馈意见。

（13）各设备运行维护单位应提前做好充分准备工作，按照风险管控及设备状态操作要求安排好现场运维人员及相应把关人员等，避免因人员不到位而造成操作的延迟或应急处置的不到位。

（14）操作当天，运维人员应提前到达变电站做好相应准备工作，根据设备状态操作计划，考虑变电站设备保护及运行要求，必要时应提前完成站用变压器等设备方式的调整。

（15）现场运维人员确认变电站现场具备调控中心设备状态操作条件后，上报调控中心监控员，双方确认站内设备具备远方控制条件。

（16）设备状态操作前，监控员应考虑AVC系统运行对设备状态操作的影响，必要时，应将相应变电站AVC退出运行，调整母线电压在合适范围，对于涉及变压器并列运行的操作，应按操作要求调整变压器分接头至一致位置。

（17）操作前监控员向设备所属调度申请设备状态操作，调度员与设备状态操作计划票核实并经过计算无误后下令进行操作。

（18）监控员操作前、后，如需要进行设备自投方式调整或现场操作，调度员应下令现场运维人员执行。

（19）监控员操作前后应通知现场运维人员，设备操作前，如有需运维人员现场自行操作二次压板时，现场运维人员应提前告知监控员，待现场压板操作完毕后，监控员再执行一次设备操作。

（20）监控员完成相应操作后，应通过设备位置、遥测数据变化情况判定设备是否操作到位，同时应检查设备是否有异常报警信息。远方设备操作质量检查不能满足安规要求时，应及时通知现场运维人员对相应设备操作质量进行检查，现场运维人员接到指令后即可在规定时间内开展检查。

（21）运维单位应根据监控员检查要求开展现场设备操作质量检查工作，完成现场设备检查后应立即将检查结果上报监控员，明确变电站名称、设备双重名称及设备实际分合位置，明确设备是否操作到位、现场设备状态检查结果、设备有无异常、是否可以继续执行后续操作等。监控员得到现场设备操作到位、无异常可以继续操作的回复后，方可继续执行后续操作。

（22）设备状态操作计划中明确需现场检查的设备操作完毕及每次设备状态操作任务执行完毕后，调控中心监控员均应通知现场运维人员，运维单位应结合检查计划对已操作的设备进行全面检查。检查工作完成后，现场运维人员应上报监控员，明确设备是否操作到位、现场设备状态检查结果、设备有无异常、是否可以继续执行后续操作等，双方核对相应间隔遥信、遥测信号上送有无异常，调控中心监控员向调度员回令。

（23）变电站设备状态操作全部完成后，变电站现场运维人员应完成站内设备的全面检查及自行操作设备的方式恢复，变电站现场运维人员与调控中心监控员双方核对相应间隔一、二次运行方式与操作前一致，遥信、遥测信号上送无误后，设备状态操作工作方可结束。

28.3 快速远方试送注意事项

（1）线路故障停运后，电力调控中心应及时通知运维单位，运维单位应及时组织变电运维人员赴现场检查；电力调控中心监控员（简称监控员）和运维单位人员应立即收集监控告警、故障录波、在线监测、工业视频等相关信息，对线路故障情况进行初步分析判断，并由监控员进行情况汇总。

（2）监控员应在确认满足以下条件后，及时向电力调控中心调度员（简称调度员）汇报站内设备具备线路远方试送操作条件：

1）线路主保护正确动作、信息清晰完整，且无母线差动、开关失灵等保护动作；

2）通过工业视频未发现故障线路间隔设备有明显漏油、冒烟、放电等现象；

3）对于带高压电抗器、串补运行的线路，未出现反映高压电抗器、串补故障的告警信息；

4）故障线路间隔一、二次设备不存在影响正常运行的异常告警信息；

5）开关远方操作到位判断条件满足两个非同样原理或非同源指示"双确认"；

6）集中监控功能（系统）不存在影响远方操作的缺陷或异常信息。

（3）调度员应根据监控员、运维单位人员汇报情况及综合智能告警等信息进行综合分析判断，并确定是否对线路进行远方试送。

（4）当遇到下列情况时，不允许对线路进行远方试送：

1）监控员汇报站内设备不具备远方试送操作条件；

2）运维单位人员汇报由于严重自然灾害、山火等导致线路不具备恢复送电的情况；

3）电缆线路故障或者故障可能发生在电缆段范围内（规程规定的特殊情况除外）；

4）判断故障可能发生在站内；

5）线路有带电作业，且明确故障后不得试送；

6）相关规程规定明确要求不得试送的情况；

7）上级变电站停电或进线线路故障造成本级变电站全停，有备用电源的应立即合上备用电源给变电站送电。

（5）线路远方试送成功但运维单位人员仍未到达现场，电力调控中心应采用远方遥控方式，将具备远方遥控条件的相关厂站恢复正常运行方式。不具备远方遥控条件的厂站待运维单位人员到站后恢复正常方式。

（6）变电运维人员到达现场后，应立即通知电力调控中心，检查确认相关一、二次设备运行状态，并及时汇报电力调控中心。如果此时线路尚未恢复运行，应由变电运维人员确认具备试送条件后，调度员向变电运维人员下达事故处理命令，变电运维人员应接令执行（特殊情况下，调度员也可下令监控员远方试送）。

（7）一次设备异常典型告警信息：

a）SF_6 断路器：××断路器 SF_6 气压低闭锁报警。

b）液压机构：①××断路器油压低闭锁分闸报警；②××断路器油压低闭锁合闸报警；③××断路器油压低闭锁重合闸报警；④××断路器 N_2 泄漏闭锁报警。

c）气动机构：①××断路器气压低闭锁分闸报警；②××断路器气压低闭

锁合闸报警；③××断路器气压低闭锁重合闸报警。

　　d）弹簧机构：××断路器弹簧未储能报警。

　　e）机构通用信号：××断路器非全相保护出口。

　　f）控制回路：①××断路器第一（二）组控制回路断线报警；②××断路器第一（二）组控制电源消失报警。

　　g）GIS（HGIS）气室：××断路器气室 SF_6 气压低闭锁报警。

　　（8）二次设备异常典型告警信息：①××保护装置故障报警（闭锁）；②××保护 TA 断线报警；③××智能终端装置异常报警（智能变电站）；④××合并单元装置异常报警（智能变电站）。

第29章　常用系统使用

29.1　AVC 系统操作

AVC 系统操作界面见图 29-1。

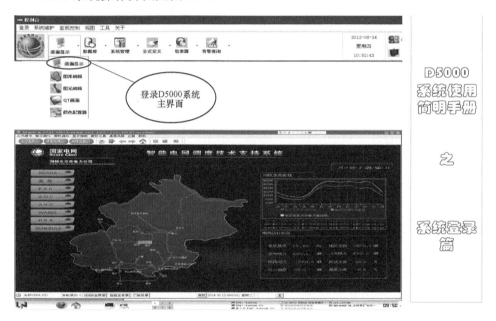

图 29-1　AVC 系统操作界面

29.2　输变电在线监测系统操作

进入系统主界面后，点击"输变电在线监测"按钮，进入输变电在线监测主画面，如图 29-2 所示。

界面功能：包括变电设备监测、输电设备监测、装置信息、告警信息、封锁信息、阈值信息等。

动态数据含义：

1）预警信息：今日实时输电、变电预警类信息总数量；

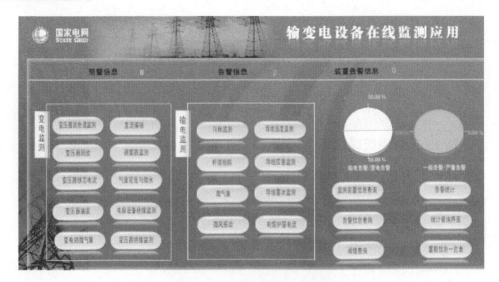

图 29-2　输变电在线监测主界面

2）告警信息：今日实时输电、变电告警类信息总数量；

3）装置告警信息：今日实时输电、变电装置告警总数量；

4）饼图含义：①输电告警/变电告警，今日实时输电、变电告警信息总数量（预警和告警信息总和）以及各自所占的百分比；②一般告警/严重告警（预警/告警），今日实时输变电一般告警信息、严重告警信息总数量以及各自所占的百分比。

29.2.1　变电设备监测

主画面中"变电设备监测"框中的按钮对应一种变电设备监测类型，每种监测类型对应一张列表，关联相关的数据表。常用变电设备监测类包括变压器油色谱监测、变压器局部放电、变压器油温、变压器铁芯电流、直流偏磁、变电微气象、气室密度、避雷器监测等。下文以变压器油色谱监测为例详细说明，其他变电设备监测类型监视功能类似。变压器油色谱监测列表如图 29-3 所示。界面功能：①以列表方式展示变压器油色谱监测装置名称、被测变压器名称、所属厂站、电压等级、各监测量等信息；②变压器油色谱监测的监测量包括甲烷、乙烯、乙烷、乙炔、氢气、一氧化碳、二氧化碳、总烃、总可燃、微水、氮气、氧气（单位：$\mu L/L$）；③点击各列标题，可进行排序、筛选操作；④可将列表内容保存至文件；⑤右键点击任意监测量，可显示监测量今日曲线图；⑥右键点击任意监测量，可进行封锁、置数操作。

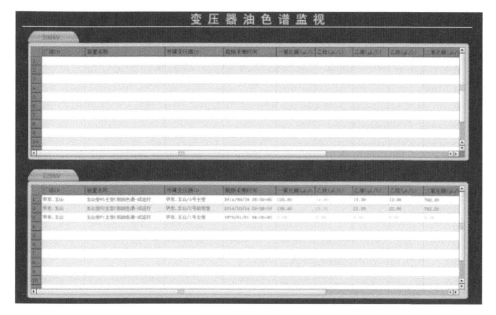

图 29-3　变压器油色谱监测列表

（1）变压器局放监测量包括气隙放电、悬浮放电、尖端放电、夹层放电、脉冲个数单位（pC 或 mV 或 dB），其他操作和功能与变压器油色谱监测相同。

（2）避雷器监测量包括全电流（mA）、阻性电流（mA）、系统电压（kV），其他操作和功能与变压器油色谱监测相同。

（3）直流偏磁监测量包括中性点直流（mA）、主变压器噪声、主变压器振动、加速度有效值、速度有效值、位移有效值、加速度 50Hz、加速度 100Hz、加速度 150Hz、加速度 200Hz、加速度 250Hz、加速度 300Hz、加速度 350Hz、加速度 400Hz、加速度 450Hz、加速度 500Hz，其他操作和功能与变压器油色谱监测相同。

（4）GIS 气室密度和微水监测量包括气体温度（℃）、气体压力（MPa）、气体密度（kg/m^3）、微水含量（μL/L）、露点，其他操作和功能与变压器油色谱监测相同。

（5）变电微气象监测量包括风速（m/s）、气温（℃）、湿度（%）、风向、气压（hPa）、降水强度（mm/h）、光辐射强度（W/m^2）、降雨量（mm），其他操作和功能与变压器油色谱监测相同。

（6）铁芯电流监测量包括铁芯电流（mA），其他操作和功能与变压器油色谱监测相同。

（7）电容设备绝缘监测量包括末屏电流（mA）、电容量，其他操作和功能与变压器油色谱监测相同。

（8）变压器顶层油温监测量包括油温（℃），其他操作和功能与变压器油色谱监测相同。

（9）变压器绝缘监测量包括末屏电流（mA）、电容量，其他操作和功能与变压器油色谱监测相同。

29.2.2 输电设备监测

主画面中"输电设备监测"框中的按钮对应一种输电设备监测类型，每种监测类型对应一张列表，关联相关的数据表。常用输电设备监测类包括导线温度、动态增容、微风振动、微气象、污秽监测、杆塔倾斜等，下文以污秽监测为例详细说明，其他输电设备监测类型监视功能类似。

（1）污秽监测列表如图 29-4 所示。

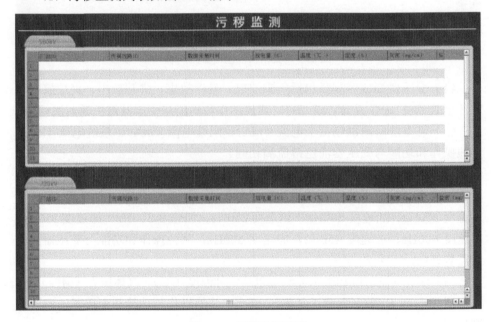

图 29-4　污秽监测列表

界面功能：

1）以列表方式展示污秽监测装置名称、被测变压器名称、所属厂站、电压等级、各监测量等信息；

2）污秽监测量包括：盐密（mg/cm^2）、灰密（mg/cm^2）、温度（℃）、湿度（%）、污闪电压（kV）、绝缘裕值（kV）、放电量（C）、泄漏电流特征值（A）；

3）点击各列标题，可进行排序、筛选操作；

4）可将列表内容保存至文件；

5）右键点击任意监测量，可显示监测量今日曲线图；

6）右键点击任意监测量，可进行封锁、置数操作。

（2）杆塔倾斜监测量包括杆塔倾斜度、杆塔横担歪斜倾斜度，其他操作和功能与污秽监测相同。

（3）导线弧垂监测量包括导线对地距离、夹角度、导线弧垂，其他操作和功能与污秽监测相同。

（4）导线温度监测量包括线温 1、线温 2，其他操作和功能与污秽监测相同。

（5）导线覆冰监测量包括综合悬挂载荷（N）、等值覆冰厚度（mm）、不均衡张力差（N），其他操作和功能与污秽监测相同。

（6）微风振动监测量包括振幅（με）、振频（Hz），其他操作和功能与污秽监测相同。

（7）微气象监测量包括风速（m/s）、气温（℃）、湿度（%）、风向、气压（hPa）、降水强度（mm/h）、降雨量（mm），其他操作和功能与污秽监测相同。

（8）护层电流监测量包括护层电流/运行电流（A），其他操作和功能与污秽监测相同。

输变电在线监测装置信息查询主界面中"装置信息"列表主要用于展示各监测装置的台账信息。包括装置类型、装置名称、装置 ID、所属厂站、被监测设备 ID 等属性，如图 29-5 所示。界面功能：①以列表方式展示输电、变电各类装置名称、被测设备名称、所属厂站、电压等级、生产厂家、型号、装置状态等信息；②点击各列标题，可进行排序、筛选操作；③可将装置信息保存至文件。

输变电设备告警统计通过表格、柱状图、饼图展示告警实时统计结果。包括输电日/月各监测类型预警信息数量、告警信息数量、装置告警数量；变电日/月各监测类型预警信息数量、告警信息数量、装置告警数量；以及日/月预警信息数量、告警信息数量、装置告警数量汇总信息。界面如图 29-6 所示。

29.3　视频监视系统操作

点击主界面上的 ⊙视频主画面，进入视频预览界面，如图 29-7 所示。

147

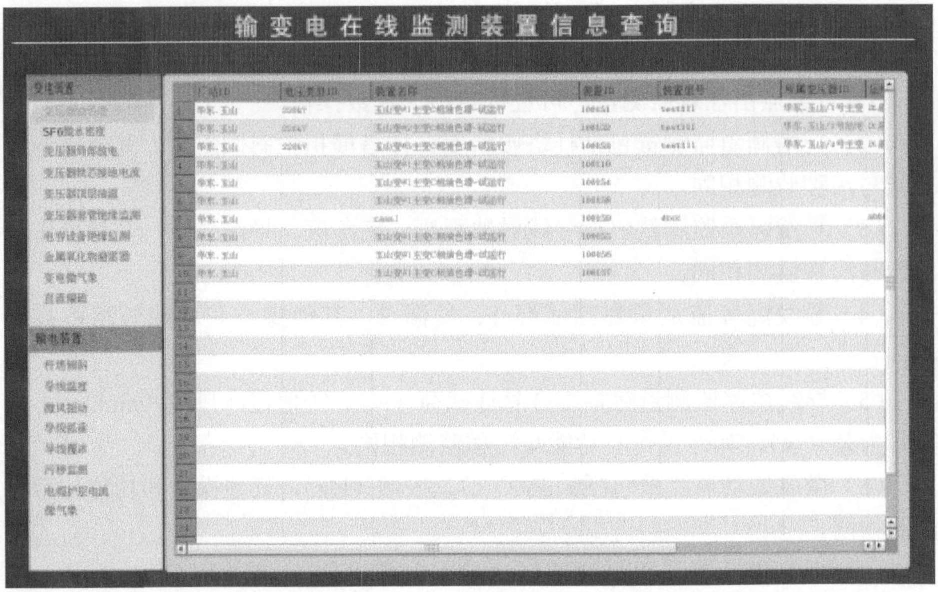

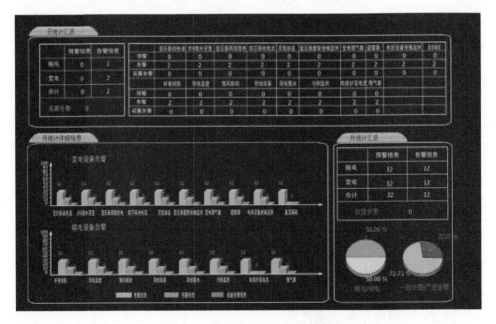

图 29-5　输变电在线监测装置信息查询主界面

图 29-6　输变电设备告警统计图

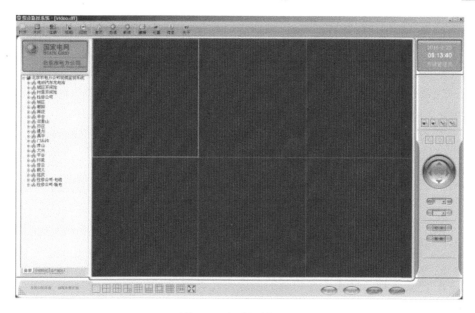

图 29-7 视频预览界面

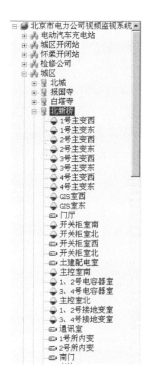

图 29-8 摄像头配置情况

29.3.1 视频预览

视频主界面可以浏览各个变电站的图像，以树形结构方式显示，点击左边的资源树可以看到各个变电站的摄像头配置情况，如图 29-8 所示。

29.3.2 视频预览与断开

双击站名节点同时显示 6 幅图像，下方按钮被激活可以实现翻页，默认显示 6 幅图像效果最佳。

双击站所属摄像头节点，单独摄像头画面，并且翻页按钮不被激活。显示视频时，树节点对应的摄像头图标将变亮。再次双击摄像头节点，则断开视频，同时树节点上对应的摄像头图标变暗。

29.3.3 视频画面右键菜单

在图像显示区域点击右键弹出菜单如图 29-9 所示。

➤ 全屏：可以设置全屏显示视频预览界面；

➤ 断开视频：断开选中的视频预览画面；

➤ 断开全部：断开所有的视频预览画面；

➤ 录像：对选中的视频画面进行录像，保存录像文件到本地磁盘；

➢ 抓拍：对某一时刻的录像画面进行抓拍，保存图片到本地磁盘；

➢ 监听：监听站端音频信号，需要音频采集设备支持；

➢ 开灯：打开摄像头关联的灯光设备，点击开灯后会变成关灯；

➢ 设置：可以调节图像的亮度、对比度、饱和度等；

➢ 录像回放：点击录像回放选项会定位到录像回放界面的相应摄像头节点上，用户只需选择查询条件，点击查询搜索录像文件；

图 29-9 视频画面右键菜单

➢ 锁定摄像机：锁定后，同等或小于优先级的其他用户无法控制此摄像机；

➢ 停止轮训：停止正在轮训的摄像头轮训组。

29.3.4 控制面板

摄像头控制面板如图 29-10 所示。

29.3.5 云台控制

云台控制支持上下左右、近景、远景、聚焦远近、灯光控制等操作。

29.3.6 预置位设置

预置位设置为 （图标）。首先输入 1～63 之间的数字，然后点击"+"号，弹出预置位设置对话框，输入名称点击确定，预置位设置成功。如果此预置点已经设置，则提示是否要修改。点击箭头"→"则可调用相应的预置位。预置位设置后预置位点显示在相应的摄像头下。如图 29-11 所示。

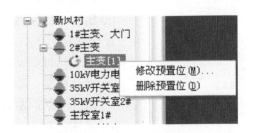

图 29-10 摄像头控制面板   图 29-11 预置位设置示意

图 29-12　云台速度设置

29.3.7　云台速度

可以设置云台速度，如图 29-12 所示，云台速度范围从左到右逐渐增快。

29.3.8　自动轮巡

自动轮巡分为站内轮巡和站间轮巡。站内轮巡指一个站内所有摄像头按照四幅一个单元进行轮替显示；站间轮巡指任意选择的变电站的摄像头根据事先设置的轮巡规则和画面数进行轮替显示。

29.3.9　站内轮巡

在站名上点击右键可以设置站内自动轮巡的功能，可以选择轮巡时间间隔，有 3 分钟、5 分钟、10 分钟和自定义间隔四种预置的时间间隔。自动轮巡实现自动翻页的功能，轮巡时在下方可以看到翻页按钮被激活，如图 29-13 所示。

图 29-13　站内轮巡示意

停止自动轮巡点击，停止自动轮巡选项。

29.3.10　分组轮巡

（1）分组设置。点击设置分组按钮，见图 29-14。

弹出分组设置界面，如图 29-15 所示。

首先右键点击右侧区域的空白处，弹出菜单

图 29-14　设置分组

选择增加分组，弹出增加分组对话框，

填写分组名称，新建一个分组，选中新建分组，双击左侧的摄像头节点，将摄像头加入新建分组中，双击变电站节点，将整个变电站加入新建分组节点中。

点击保存分组信息，将分组信息保存到数据库中。

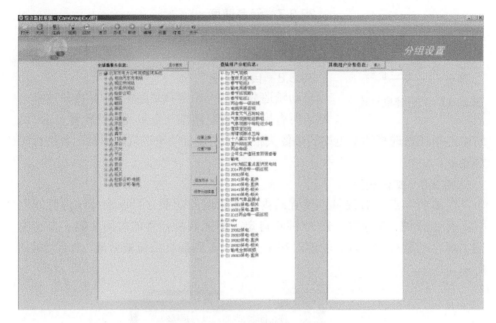

图 29-15 分组设置界面

（2）分组轮巡见图 29-16。点击分组轮巡标签，切换到分组轮巡页面，在空白处点击右键，弹出菜单中点击更新分组（见图 29-17），可以获取最新的分组信息。

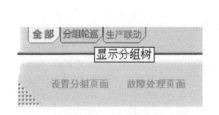

图 29-16 分组轮巡

图 29-17 更新分组

在分组上点击右键，弹出菜单→开始轮巡→选择轮巡时间间隔，见图 29-18。

选择画面显示模式，以切换自动轮巡的画面切换模式，见图 29-19。

29.3.11 录像查询及回放

在系统主界面下点击 录像回放 按钮进入录像回放主界面，如图 29-20 所示。

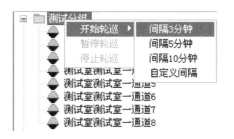

图 29-18 轮巡时间间隔设置

图 29-19 自动轮巡的画面切换模式

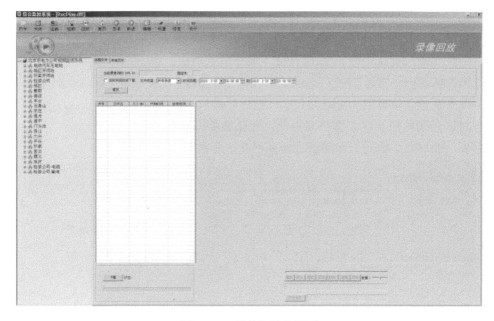

图 29-20 录像回放主界面

录像分为远程文件和本地文件。

（1）远程文件。即存储在远程硬盘录像机上的文件。选中某一通道，设置查找条件，点击查找按钮，如果该通道在指定的时间内有录像则在列表框中显示录像目录，双击相应的选项即可播放某一时间段的录像。点击"下载"可以把远程文件下载到本地，保存在 D：\Record 目录下。

播放录像的同时点击"开始保存"可以对相应的录像片断进行录制，默认

153

保存在 D：\Record 目录下。

（2）本地文件。即存储在本地客户端的文件，打开文件，找到 D：\Record，双击保存过的文件进行播放。

29.4 故障录波系统操作

29.4.1 导航栏的使用

（1）录波器导航栏见图 29-21。

1）选择可见范围：选择可见范围后，会按电压等级筛选所要显示的录波器，同时，最新通信状态中也只会显示筛选后的录波器。

2）按录波器检索：导航栏各主站、变电站可按树状展开。双击主站、变电站（下方文本框支持变电站汉字输入快速定位），即可查询各级变电站对应范围内所有历史录波记录（默认单端）；双击录波器，即可查看该录波器的历史录波记录（默认单端），也可对该台录波的实时装置信息操作，包括索要录波列表、波形、参数等。故障录波器联网系统示意如图 29-22 所示。

图 29-21　录波器导航栏

图 29-22　故障录波器联网系统示意

（2）线路导航栏。按线路检索双击主站、变电站、线路（下方文本框支持线路汉字、拼音输入快速定位），即查询对应范围内所有双端录波记录（默认），见图 29-23。

1）选择可见范围：选择可见范围后，会对线路按电压等级进行过滤，显示全部的电压等级的线路或者 220kV 以上的线路。

2）选择查找方式：线路的检索方式分为厂站和线路，按厂站查找需知线路所属变电站，还可在线路查找中通过线路所属电压等级查询所需线路。

图 29-23　线路导航示意

3）按线路检索：双击主站、变电站（下方文本框支持线路汉字输入快速定位），即可查询各变电站对应范围内所有历史录波记录（默认双端）；双击线路，即可查看该线路的历史录波记录（默认双端），同时弹出该线路两端录波器信息，可查看该线路两端的录波器的历史录波记录、实时装置信息。见图 29-24。

29.4.2　实时刷新

实时刷新界面分为实时录波记录刷新及实时通信状态刷新，见图 29-25。

最新录波记录：刷新主站内所有录波器的最新录波记录。

通信状态改变：刷新主站内通信状态发生变化的录波器。

图 29-24　按线路检索

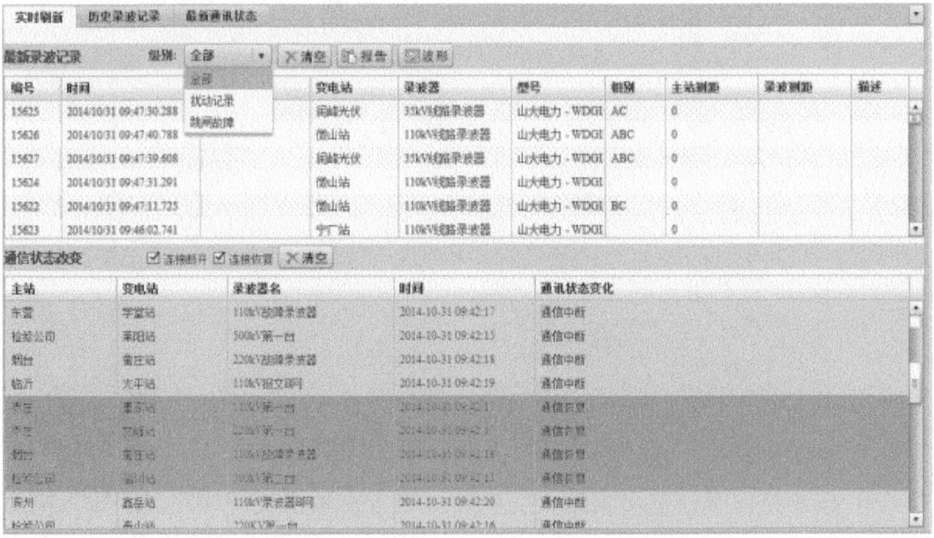

图 29-25　实时刷新

29.4.3　故障波形分析

故障波形分析有两种渠道，一种是使用浏览器直接打开录波波形，另一种是采用下载的离线本地分析软件进行分析。在系统配置中的管理本机显示界面中可以勾选是否使用本地离线分析软件打开录波波形。

使用浏览器打开波形时，打开为标准的 contrade 文件，波形分析界面相对简单，功能较少。

在波形分析界面（见图 29-26）右侧从上到下有一列快捷工具按钮，其中：

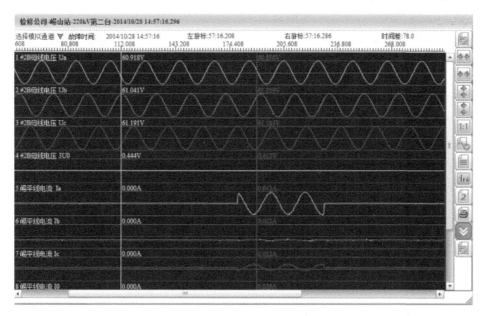

图 29-26　故障录波分析

打开故障分析报告。

横向缩小波形。

纵向缩小波形。

选择所要查看的模拟量通道及开关量。可按照通道分组选择，也可按照单独的通道选择。

选择游标采集的模拟量的数值，可选择瞬时值、有效值、向量值，选择后，在游标与波形的交点处显示相应数值。

打印波形。

横向放大波形。

纵向放大波形。

按 1:1 比例显示波形。

弹出窗口选择波形的查看比例。

表明在波形分析中，左右游标与波形的交点处显示的数值是一次值（单位：kV/kA）还是二次值（单位：V/A）。当波形显示一次值时，此时显示图标为，当波形显示二次值时，此时显示图标为。

打开故障相关文件。

：打开故障分析报告，其中包括故障位置、跳闸相别、保护设备动作时刻、故障电压电流等。

29.5 雷电定位系统操作

系统主界面分为主图区、功能菜单区、地图管理区、时间选择与显示区以及信息输出区五大模块。

（1）主图区：在地图的背景上，显示雷电的活动情况，以及电力线路、变电站与探测站信息。

在主图区的右下角有 ◢ 按钮，点击该按钮，则会在地图区右下角展开一个能宏观显示当前地图区域的"鹰眼"，鹰眼中的红色矩形框即为当前地图页面雷电活动所在的区域范围；点击 ◣，则该鹰眼收起。地图区的鹰眼显示见图 29-27。

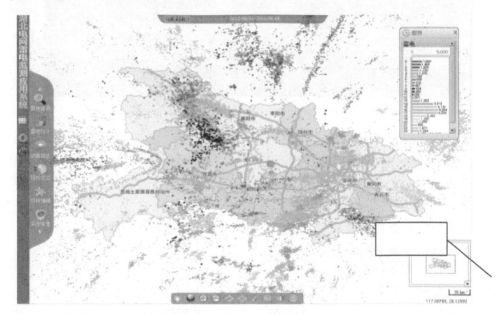

图 29-27　地图区的鹰眼显示图

在主图区的右上角有图例，在查询不同内容时会显示对应查询目标数据实例信息，以方便用户理解查询结果，如图 29-28 所示为查询结果中 24 小时各时段雷电个数信息图例和线路电压等级图例。

（2）功能菜单区：通过点击控制开关 ▶ 和 ▶ 来展开功能菜单列表和收回功能菜单列表。

在界面最左侧有"应用管理器" ▦ 、"线路告警" ⚡ 、"退出应用系统" ⏻ 三个功能模块；

应用管理器：应用管理器是对功能模块的汇总，如图 29-29 所示，方便用户对功能模块进行查找和操作，其点击效果与在功能模块操作相同。

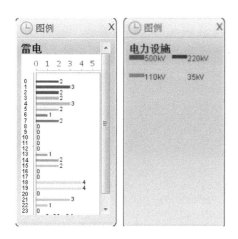

图 29-28　雷电查询和线路查询结果图例　　　图 29-29　应用管理器

线路告警：当所选时间范围内线路周边落雷条件达到报警设定值，在告警按钮会闪动，点击可以在线路告警列表中查看告警线路信息。

退出应用系统：点击该按钮可以退出应用系统回到初始登录界面。

其右侧具有雷电查询，雷电统计，动画播放，关注设定，目标编辑，系统管理六大功能模块，当鼠标放置各模块上时即可展开其功能子项，包括线路查询、变电站查询、区域查询、圆查询、矩形查询、多边形查询、线路统计、区域统计、密度图、动画播放、关注线路、关注变电站、线路编辑、变电站编辑、用户管理，密码修改、角色管理、路径管理、权限管理、参数设定、数据字典、审计管理、登录管理功能模块，以满足用户各种不同需求的应用功能。

（3）地图管理区：在界面最下侧一排为地图管理工具，可以实现地图的移动、还原、放大、缩小、测距离、测面积、清除界面、图层管理、图例开关和信息热激活功能，如图 29-30 所示。

图 29-30　地图管理区

（4）时间选择与显示区：位于界面最上端的是时间选择与显示功能模块，见图 29-31。主要用来选择历史时间范围，包括年、月、日、时、分、秒。并可以切换到实时时间并显示。可以通过点击左侧的 实时时间 和 历史时间 按钮来切换。

图 29-31　时间选择与显示区

（5）信息显示区：用户进行查询与系统管理时，系统会在地图上方显示各种综合信息，方便用户查看和应用，见图 29-32。

图 29-33 为地图管理的工具条，该工具条部署在界面的最下部。

从左至右依次是：地图平移、地图复原、地图放大、地图缩小、距离测量、面积测量、清理屏幕、图层管理、图例管理、信息热激活工具按钮。

网页支持基本地图操作，包括平移、复位、放大、缩小等基本操作。

（1）平移：先点击图标🖐，在地图区域，按住鼠标左键，移动鼠标。

（2）复位：点击🌐图标，将地图切换到初始（刚进入系统）时的状态。

（3）放大：①先点击图标⊕，然后点击地图中任意位置，将以当前点击地图中心点为中心放大显示地图。②先点击图标⊕，然后在地图上拉框，可以放大显示拉框区域。③在图标🖐状态下，按住 Shift 键的同时，在地图上拉框，可以放大显示拉框区域。

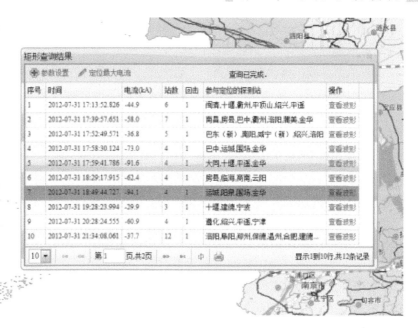

图 29-32　信息显示区示意图

图 29-33　地图管理工具条

（4）缩小：①先点击图标█，然后点击地图中任意位置，将以当前点击地图中心点为中心缩小显示地图；②先点击图标█，然后在地图上拉框，可以缩小显示拉框区域。注意：地图区右下角有 └20m┘，为地图显示的比例尺；地图区右下角有 119.34635, 31.52104，为鼠标当前所在点的经纬度坐标。

需要测距时，按以下步骤实施：

（1）点击地图管理模块测距按钮█；

（2）在地图区域，移动鼠标到第一个目标点，单击鼠标左键，选中第一个点；

（3）在地图区域，移动鼠标到第二个目标点，单击鼠标左键，选中第二个点，地图上绘出一根线，同样可以选择第三个点、第四个点……；双击鼠标左键，测距划线功能结束，并显示所划之线的总距离。

点【确定】键，测距操作结束；接着可以接着再次使用测距功能，可以重新点击地图，原先的测距线自然消失；点击█，对操作的图形清屏。

需要测量面积时，操作步骤如下：

1）点击地图管理模块测面积按钮 ；

2）在地图区域，移动鼠标到第一个目标点，单击鼠标左键，选中第一个点；

3）在地图区域，移动鼠标到第二个目标点，单击鼠标左键，选中第二个点，地图上绘出一根线，同样选择第三个点、第四个点……，拉出一个以所选点为顶点的多边形图形，双击鼠标左键，划图形功能结束，并显示所划图形的面积。

对于各种雷电查询过程中产生的阴影缓冲区，以及测距与测面积操作后产生的测量线和区域，可以通过点击 按钮进行清屏。

点击图标 ，可以使关闭的图例重新打开。

点击地图管理模块最右边的 按钮，图片将变为 ，表示以开启热激活，停留在地图上 2s，则会弹出热激活信息窗口。

可实现落雷点热激活信息查询：在地图关注区域找到一个落雷点，将鼠标放置在该落雷上，在信息输出区查看热激活信息。

可实现输电线路热激活信息查询：在地图关注区域找到任意一条线路，将鼠标放置在该线路上，在信息输出区查看热激活信息。

当"热激活"打开后，在地图区域进行任何操作都会触发热激活事件，显示当前鼠标位置点的相关信息。

图层管理即对网页的图层显示进行控制。支持多层选择，网页地图可由多层叠加形成显示。各层可分别开关。选取需要在主图区显示的图层：在地图管理模块中将鼠标移动到图层管理按钮 上，或左键单击图层管理按钮 ，选中的图层标记为勾状 ，该图层才会在地图上显示。如图 29-34 所示，网页地图区域将显示地理层、雷击点层和探测站层。

管理的图层包括地理层、雷击点层、探测站层、缓冲区层、输电线路层、告警层。

（1）地理层。显示地图行政区域等背景。地理层根据当前图幅的大小能自动控制显示的内容。如在全图情况下，只出现国界、省界等信息，当地图放大到一定程度后，才出现市、县级地名。

（2）雷击点层。选中"雷击点

图 29-34　图层管理栏展开显示图

层"，在主地图区图形化显示实时或历史雷电活动的分布信息。

（3）探测站层。选中"探测站层"，在地图区域中显示所有雷电探测站分布。

（4）缓冲区层。选中"缓冲区层"，在进行各种设定情形查询时会有阴影出现来显示查询区域范围。图 29-35 所示为进行矩形查询时出现的矩形缓冲区。

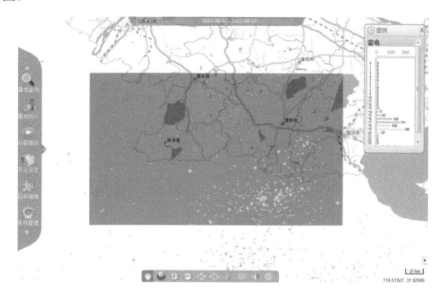

图 29-35 矩形查询缓冲区示意图

（5）线路层。选中"线路层"，在地图区域显示输电线路分布图以及杆塔编号信息。

（6）告警层。当选中"告警层"后，在选择的历史时间范围内线路周边落雷达到告警要求时，则该线路会不断闪动，动态显现出告警信息，同时位于界面最左侧的"线路告警"按钮 会变成闪耀状态，点击即可查看具体的告警线路信息。

雷电查询模块主要用于查询线路或变电站在设定的查询条件下的落雷信息，以及在地图上指定区域内的落雷信息，该模块主要包括线路查询、变电站查询、区域查询、圆查询、矩形查询和多边形查询等功能。

（1）线路查询。点击【线路查询】按钮，弹出线路缓冲区雷电查询对话框如图 29-36 所示。

确定所查询的线路，直接在关键字中输入线路的中文名称或拼音，系统即可自动显示出该线路名；或者在知道各级所属的情况下逐级在下拉列表中选择出该线路。

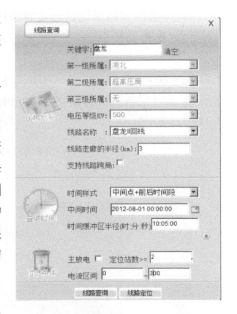

确定线路走廊半径，在其对应的输入框填写 0.5～20 之间的数；在【时间样式】栏选择"中间点+前后时间段"，在【中间时间】栏点击右侧的时间选择控件选择查询的中间时间或直接在时间框中手动修改，在【时间缓冲区半径（时：分：秒）】栏根据系统提供的时间格式输入时间缓冲半径。点击对话框右下角的 按钮，会展出过滤查询条件选项，在其中可以选择勾选"主放电"，设定参与定位的探测站数、雷电信息中的电流区间范围。

最后点击【线路查询】，则地图区显示该查询的线路走廊及走廊内的雷电活动。

图 29-36 输电线路走廊查询窗口

注意，如果【时间样式】栏选择"开始时间+结束时间"，则会对应输入【开始时间】栏和【结束时间】栏，点击右侧的时间选择控件选择查询的开始时间和结束时间或直接在时间框中手动修改开始时间（2012-07-31 13：55：00）和结束时间（2012-08-01 10：05：00），最后点击【线路查询】，此查询结果与上述"中间点+前后时间段"的时间样式查询结果相同，只是查询的时间段输入方式不同而已。

地图上+号（正极性雷电）及倒三角（副极性雷电）为雷击点位置；灰色区域为线路缓冲区半径；查询结果为该线路走廊在该时间段内有且只有一个雷电活动，信息输出区的"雷电信息查询"卡片显示该线路走廊内的雷电活动详情列表。

参数设置：点击【参数设置】则重新出现线路查询对话框，可以重新输入查询条件进行查询。

定位最大电流：点击【定位最大电流】按钮，系统会自动选出雷电信息列表中电流最大的记录，以灰色反选。

点击对话框下侧的 按钮，则弹出雷电信息查询结果列表下载确认按钮，点击即可设定保存路径进行 Excel 表格的下载；若有多页查询结果时，点击下面的 10 第1 页,共1页 按钮，可以设定每页显示的雷电记录数目和显示页数。

当我们查看地图区信息时可以点击右上角的 按钮，来折叠信息框，以使可见地图区域更多。

　　点击雷电记录最右侧的"查看波形"按钮，可以显示雷电电磁波波形显示框，如果是非数字探测站探测到的雷电信息，则右侧没有雷电波形；如果是新一代探测站探测到的雷电信息，则右侧显示雷电波形。点击　　按钮，可以向左折叠波形显示框，点击　　按钮，可以向上折叠波形显示框。如图 29-37、图 29-38 所示。

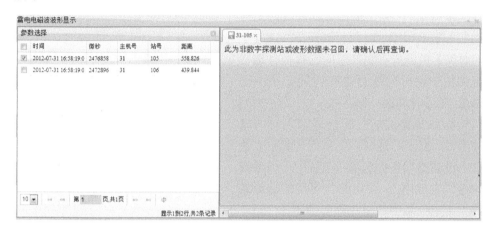

图 29-37　非数字探测站波形显示框

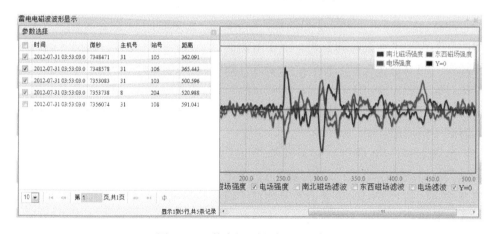

图 29-38　数字探测站波形显示框图

　　（2）变电站查询。

　　点击【变电站查询】按钮，弹出变电站缓冲区雷电查询对话框，如图 29-39 所示。

165

确定所查询的变电站，直接在关键字中输入变电站的中文名称或拼音，系统即可自动显示出该变电站名；或者在知道各级所属的情况下逐级在下拉列表中选择出该变电站。

确定变电站走廊半径，在其对应的输入框填写 0.5～20 之间的数；在【时间样式】栏选择"中间点+前后时间段"，在【中间时间】栏点击右侧的时间选择控件选择查询的中间时间或直接在时间框中手动修改，在【时间缓冲区半径（时：分：秒）】栏根据系统提供的时间格式输入时间缓冲半径。点击对话框右下角的 按钮，会展出过滤查询条件选项，在其中可以选择勾选"主放电"，设定参与定位的探测站数、雷电信息中的电流区间范围。

图 29-39　变电站走廊查询窗口

最后点击【变电站查询】，则地图区显示该查询的变电站走廊及走廊内的雷电活动。

注意，如果【时间样式】栏选择"开始时间+结束时间"，则会对应输入【开始时间】栏和【结束时间】栏，点击右侧的时间选择控件选择查询的开始时间和结束时间或直接在时间框中手动修改开始时间（2012-07-31 13：55：00）和结束时间（2012-08-01 10：05：00），最后点击【变电站查询】，此查询结果与上述"中间点+前后时间段"的时间样式查询结果相同，只是查询的时间段输入方式不同而已。

地图上+号（正极性雷电）及倒三角（副极性雷电）为雷击点位置；灰色区域为线路缓冲区半径；查询结果为该变电站走廊在该时间段内的雷电活动，信息输出区的"雷电信息查询"卡片显示该线路走廊内的雷电活动详情列表。

参数设置：点击【参数设置】则重新出现线路查询对话框，可以重新输入查询条件进行查询。

定位最大电流：点击【定位最大电流】按钮，系统会自动选出雷电信息列表中电流最大的记录，以灰色反选。

点击对话框下测的 按钮，则弹出雷电信息查询结果列表下载确认按钮，点击即可设定保存路径进行 Excel 表格的下载；若有多页查询结果时，点击

10 ▾ ⊲ ⊲ 第1 页,共1页 按钮,可以设定每页显示的雷电记录数目和显示页数。

当我们查看地图区信息时可以点击右上角的 ▬ 按钮,来折叠信息框,以使可见地图区域更多。

点击雷电记录最右侧的"查看波形"按钮,可以显示雷电电磁波波形显示框,如果是非数字是探测站探测到的雷电信息,则右侧没有雷电波形;如果是新一代探测站探测到的雷电信息,则右侧显示雷电波形。点击 ▬ 按钮,可以向左折叠波形显示框,点击 ▬ 按钮,可以向上折叠波形显示框。

29.6 监控信息分析与管理系统操作

监控信息分析与管理系统界面及查询界面如图 29-40 所示和图 29-41 所示。具体参数设置如下:

(1)开始时间:按查询需求选择。

(2)结束时间:按查询需求选择。

(3)信号:可输入关键字查询。

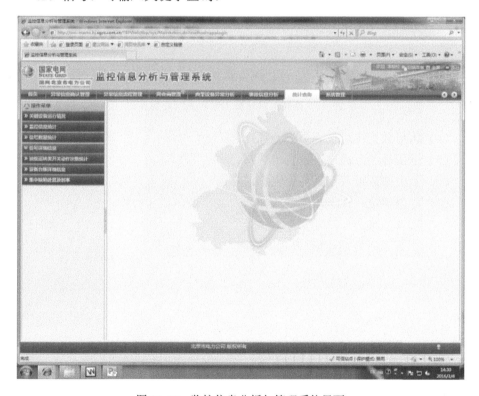

图 29-40 监控信息分析与管理系统界面

图 29-41　监控信息分析与管理系统查询界面

（4）信号分类：可按五类信号选择。

（5）电压等级：通过下拉菜单选择。

（6）变电站：可查询具体变电站信息。

（7）所属单位：按下拉菜单选择。